西安石油大学优秀学术著作出版基金资助

高黏原油的管道高效输送技术

曹　勃◎著

中国石化出版社

内 容 提 要

本书阐述了高黏原油的管道高效输送技术，主要介绍了高黏原油的基本性质，高黏原油在加入稀释剂情况下的等温和加热管道输送理论，高黏原油中胶质沥青质组分的微观物理和数学模型及其主要特性、形成过程、相结构变化过程和其对高黏原油性质产生的影响，微波辐射对高黏原油流动性的作用研究，微波和添加剂共同作用下对高黏原油流变特性的影响研究，微波和添加剂共同作用下对高黏原油管道输送的经济性评价研究。

本书可供从事原油输送和加工的工程技术人员阅读，也可供高等院校相关专业师生参考。

图书在版编目(CIP)数据

高黏原油的管道高效输送技术 / 曹勃著 . —北京：中国石化出版社，2021. 8
ISBN 978-7-5114-6442-2

Ⅰ. ①高… Ⅱ. ①曹… Ⅲ. ①原油管道-油气输送
Ⅳ. ①TE832

中国版本图书馆 CIP 数据核字(2021)第 171627 号

中国石化出版社出版发行
地址：北京市东城区安定门外大街 58 号
邮编：100011　电话：(010)57512500
发行部电话：(010)57512575
http://www.sinopec-press.com
E-mail：press@sinopec.com
北京中石油彩色印刷有限责任公司印刷
全国各地新华书店经销
*
710×1000 毫米 16 开本 10 印张 155 千字
2021 年 8 月第 1 版　2021 年 8 月第 1 次印刷
定价：56.00 元

前　言

燃料的保障和供应决定国家的能源安全和经济发展。在过去的几十年中，世界各国的经济发展导致原油的消耗大量增加。由于低、中黏度原油储备已几近枯竭，油田被迫开始大量高黏度原油的开发。据估计，世界高黏度原油储量为7900亿~10000亿t，是传统原油剩余可采储量的5~6倍，于我国而言，此类原油的储量也是原油资源中重要的组成部分。

含有天然缔合体和结晶组成的纳米胶体的高黏度原油通过管道运输需要使用特殊技术，以减少运动过程中总摩擦压头的损失。当前使用最普遍的是高黏度原油的加热输送，但是在加热输送过程中，大量所运输的原油被燃烧，并且燃烧产物会污染环境。另外，加热设备的能量效率和可靠性低。由于高黏度原油的热分解而产生的溶剂使得在管道的首泵站建设输送设备的成本升高，并且导致原油的质量下降，因此，改进高黏度原油的管道运输技术是一项非常重要的紧迫任务。

基于此，本书阐述了新的高黏原油管道高效输送技术。书中主要介绍了高黏原油的基本性质，高黏原油在加入稀释剂情况下的等温和加热管道输送理论，高黏原油中胶质沥青质组分的微观物理和数学模型及其主要特性、形成过程、相结构变化过程和其对高黏原油性质产生的影响，微波辐射对高黏原油流动性的作用，微波和添加剂共同作用下对高黏原油流变特性的影响，微波和添加剂共同作用下对高黏原油管道输送的经济性评价。

全书共6章。第1章对高黏原油的概念及基本性质、高黏原油流变性的影响因素进行了系统阐述，并对目前常见的高黏原油管道输送技术进行了概况说明；第2章阐述了针对添加稀释剂的高黏原油管道输送理论，包括高黏原油主要物理参数与稀释剂浓度之间的关系、添加稀释剂的高黏原油管道输送的水力特性、等温输送优化处理和加热输送参数计算；第3章阐述了微波处理高黏原油的理论基础与设备，包括微波和微波电磁场的介绍、材料的电解质特性、微波加热理论和常用的微波加热设备；第4章针对微波辐射对高黏原油流动性的影响进行了详述，包括研究现状、研究方法、微波辐射过程中高黏原油中温度的分布和计算以及微波辐射对高黏原油成分的影响；第5章详细介绍了微波和添加剂联合作用对高黏原油流变特性的影响，包括对高黏原油结构和力学性能的影响以及高黏原油被处理后的流动活化能；第6章阐述了微波和添加剂联合加热高黏原油的应用，包括微波和添加剂联合加热高黏原油的体积温度分布以及微波和添加剂联合加热高黏原油管道输送的经济性分析。

本书获西安石油大学优秀学术著作出版资金资助，在此表示衷心的感谢；同时，对参与相关研究的各位老师和同学表示诚挚的谢意。

限于学术水平，书中难免存在不妥之处，恳请广大读者批评指正。

目　录

第1章 绪 论

1.1 高黏原油简介

高黏原油也叫稠油，国际上统称为重质原油，简称“重油”，指在地层条件下黏度大于50mPa·s、相对密度大于0.92的原油。我国高黏原油的轻馏组分含量少，胶质、沥青质组分含量高，并且含硫、氧、氮等杂原子的非烃化合物含量和镍、钒等金属含量也较高，是由多种物理、化学性质不同的化合物组成的复杂混合物[1]。高黏原油不仅在常温下黏度高，即使在较高的温度下，仍具有较高的黏度。我国制定了高黏原油(稠油)的分类标准，如表1-1所示[2]。

表1-1 中国高黏原油(稠油)的分类标准

稠油分类			主要指标	辅助指标
名称	类别		黏度/(mPa·s)	20℃相对密度
普通稠油	Ⅰ		50*(或100)~10000	>0.92
	亚类	Ⅰ-1	50*~150*	>0.92
		Ⅰ-2	150~10000	>0.92
特稠油	Ⅱ		10000~50000	>0.95
超稠油	Ⅲ		>50000	>0.98

*代表油层下的黏度；无*代表油层温度下的脱气油的黏度。

高黏原油的有机化合物主要分为两大类，即含碳、氢的烃类化合物和含硫、氮、氧等元素的非烃类化合物。当前广泛采用四组分分离法(SARA 法)将高黏原油分为胶质、沥青质、饱和烃和芳香烃，其中，饱和烃和芳香烃属于烃类化合物，胶质和沥青质属于非烃类化合物。

饱和烃可分为链烷烃和环烷烃，是原油的主要成分，构成石油中液态成分。在高黏原油中以连续相呈现，其含量大约占高黏原油组分的20%~40%，是胶质或沥青质的良好溶剂。饱和烃相对其他三种组分，其黏度、密度以及平均分子质量是最小的，流动性是最好的。此外，饱和烃是非极性化合物，化学性质稳定，且随着饱和烃分子中碳原子数的增加，其密度、熔点、沸点也升高。

芳香烃简称“芳烃”，通常指分子中含有苯环结构的碳氢化合物，通常带有不同烷基侧链。其密度、黏度以及平均分子质量也相对较小，流动性也较好，极性相对较弱，但比饱和烃大。芳烃的含量大约占稠油组分的20%~40%，是一种广泛应用的有机溶剂。

胶质与沥青质在结构上并没有明显界限，一般认为胶质与沥青质都是数目众多的、结构各异的非烃化合物组成的混合物。

胶质的组成中含有多种元素，主要是碳、氢、氧、硫、氮。红外吸收光谱和胶质表面性质的研究表明：它的分子是由凝聚的环状体系组成，该体系是由芳香族、环烷族的不同有机物的环构成。凝聚的环状体被脂肪族的烃桥联系起来，从外观上看，胶质是深棕色至深褐色的、极为黏稠的不易流动液体或半固态物质，它的相对分子质量为500~1200，甚至更高，受热时熔融，相对密度约小于1，原油中胶质的含量可达30%。

沥青质的化学组成接近于胶质，其区别是相对分子质量更高。一般认为，沥青质是非晶形的深褐色固态物质，是原油中相对分子质量最大的组分，其相对分子质量是胶质的2~3倍，受热时不熔化、性脆、易裂成片，其相对密度大于1。沥青质在烃中的溶解性比胶质差，它溶于芳香烃，不溶于饱和烃。沥青质在稠油的液态组分中溶解时，首先吸收溶剂而膨胀，然后分散成胶体溶液，沥青质构成胶体溶液的固态分散相。沥青质分子单元与胶质分子单元之间存在很强的缔合作用力，甚至比沥青质分子单元之间的自缔合作用力更强。当高黏原油中的沥青质的含量较高而胶质含量较少时，沥青质缔合为较大的颗粒，使高黏原油具有明显的非牛顿流体的特征，很大程度上增加了高黏原油的表观黏度。

高黏原油的液相成分(胶质分子、饱和烃、芳香烃)和固相成分(沥青质分子)相互作用，固相成分分散在液相成分中形成胶体体系。研究表明：只有少数含胶质沥青质极少的原油是真溶液，大多数原油并不是以完全均匀的真溶液状态存在，而是一种比较稳定的胶体分散体系。这个分散体系中，其分散相就是以沥青质为核心，以附于它的胶质为溶剂化层而构成的胶束，其分散介质则主要由油分和部分胶质组成，分散介质的芳香度必须足够高才能够使体系稳定。胶束中的沥青质分子与胶质分子之间是以电子 π-π 给予体络合或氢键等作用力进行缔合的。随着温度升高，胶团渐渐解缔或胶质从沥青质吸附中心脱附下来，脱附的原因主要在高温下，外相的溶解能力增加，胶团遭到破坏，黏度降低[3]。

1.2 原油分散系统概述

1.2.1 原油分散系统的物理化学性质

原油分散系统的结构至少在50年内一直是一个令人感兴趣的课题。除非存在下一个极性馏分，否则原油中极性较小的馏分无法共同溶解相对分子质量最高的馏分(沥青质馏分)，这导致了对原油结构的大量推测和讨论。然而，为了讨论与分散系统相关的原油的化学和物理结构，有必要考虑原油成分的物理和化学性质，因为有必要了解各种成分之间的相互关系。

1.2.1.1 原油结构

原油是可以在极性和相对分子质量方面进一步定义的结构的连续体概念并不新鲜，并且已被普遍接受。这个概念最初的重点是挥发性馏分中的碳氢化合物，非挥发性馏分的性质有待推测。对非挥发性瓦斯油的进一步研究表明，连续体无处不在，至少足以包括这些馏分。事实上有足够的证据来推崇和接受整个原油范围内结构的完整连续体的概念，无论成分是碳氢化合物还是自然界中的杂原子。

原油成分之间的关系是决定原油作为分散系统结构的重要因素。原油中有多种结构类型，虽然分子的反应性可以根据键能进行评估，但特定键的反应性也受其环境的影响。原油成分彼此之间的关系也受环境影响，并且这种关系的主要决定因素是成分彼此相关时的立体化学。有机化合物的立体化学通常是决定反应性和性质的主要因素。

不同原油中的烃结构和一些特征(例如各种稠环系统)是相似的(从胶质沥青质到原油馏分的成分)。但是在分子尺寸上不同原油的成分之间存在显著的结构差异，这是由最初形成的原油组成和成熟条件的区域差异决定的。

胶质沥青质中普遍存在较高的芳香度。然而在某些胶质中，烃类显示出脂肪族物质的增加(例如更多的侧链)，直到达到相当饱和的原油，其中包含许多不同长度的烷基链。当胶质解吸时，芳香度很重要。麦芽烯的高芳香性(即沥青质被去除后剩余的那部分原油，通常称为脱沥青油)表明沥青质具有良好的溶解能力。事实上，麦芽烯的溶解能力是决定其溶解度的最重要因素之一。

胶质和沥青质以相互作用存在于原油中的方式仍然是推测的重点。事实上，忽略氢键相互作用的潜力是不正确的。有证据表明沥青质参与电荷转移复合物，但它们在原油中形成的确切的化学或物理方式仍有待进一步讨论。

将混溶性溶剂引入原油会导致胶质浓度发生相应的变化。胶质浓度降低之后，胶质分子从沥青质分子中解析出来。这可能导致沥青质分子在无胶质部位相互接触、聚集和絮凝，从而形成沉淀物。

胶质沥青质胶束的最初概念引用了沥青质-沥青质缔合的概念，以形成类似石墨的堆叠，充当胶束核心，而胶束核心又由胶质来稳定。事实上，将物理应用于沥青质聚集研究表明。聚集体的物理尺寸和形状是所用溶剂和调查温度的函数。此外，表面张力测量已用于研究吡啶和硝基苯中沥青质的自缔合。作为沥青质浓度函数的表面张力的不连续转变被解释为临界沥青质浓度，高于该浓度会发生自缔合。

然而必须认识到，从原油中去除沥青质的研究并没有产生代表沥青质分离技术的数据，认为沥青质成分仅在分离和絮凝时才以聚集体形式存在更合理，并且在原油中胶束不由沥青质分子聚集体组成。

当胶质和沥青质同时存在时，氢键研究(尽管是在分离的胶质和沥青质上)表明胶质-沥青质相互作用优于沥青质-沥青质相互作用。如果将相同的分子间作用力投射到原油中，原油中的沥青质就会作为单个实体被胶质胶溶并有效分散。然而无论通过何种方式将单个分子种类包括在胶束中，其结构都被认为是复杂的。

因此，原油是一个复杂的系统，每个馏分都依赖于其他系统的流动性和溶解性。胶质以电子供体-受体的方式与沥青质结合，考虑到成熟过程，有可能沥青质成分和胶质成分之间有几个结构相似点，它们会对胶质与来自不同原油的沥青质缔合的能力产生不利影响。

原油物理结构的早期假设表明：沥青质是通过吸附或通过吸收部分麦芽烯(即胶质材料)到沥青质颗粒的表面或内部而形成的胶束中心。胶束间相的转变是渐进的且几乎是连续的。对沥青质化学这一方面的持续关注导致假设沥青质在胶束中以簇的形式存在。这主要是因为沥青质在低极性溶剂的稀溶液中倾向于缔合。

沥青质在烃溶液中形成聚集体的明显趋势是其最典型的特征之一。因此，虽然许多实验方法表明分离的沥青质单体的平均相对分子质量约为1500~2500(极性溶剂中的蒸气压渗透法)，但更多方法表明沥青质在大多数烃介质中自发缔合，导致观察到的相对分子质量为10000或更多。

更有可能的是，当胶质和沥青质一起存在时，胶质-沥青质相互作用优于沥青质-沥青质相互作用。因此，将这些分子间力投射到原油表明：沥青质成分不是作为更笨重的团块存在，而是作为被胶质成分胶溶并有效分散的单一实体存在。因此，考虑胶束由胶质和沥青质分散的沥青质组成是更合理的方法。

观察表明：胶质在稳定原油中的沥青质方面起着重要作用。在不利的溶剂条件下，沥青质成分易于进一步聚集成不稳定的团簇并从原油中沉淀出来。

沥青质分子→胶束→胶束簇/絮凝体，该模型要求沥青质胶束由与胶质结合的不溶性分子核组成，从而提供防止絮凝和沉淀的空间稳定性。因此，在将非极性溶剂添加到原油中时，沥青质的相分离可以在烃介质的溶解度参数或极性的降低方面合理化。这导致胶质溶解，胶质沥青质复合物解离，从而使即将被忽视的沥青质不稳定，以及絮凝/沉淀/相分离。

单个沥青质分子之间的分子结构差异阻止了这些附聚物形成盘状相，这要求单体具有相同的分子结构。相反，沥青质随机堆积形成该模型中提出的球状胶束。基本胶束单元可以进一步聚集成类似于絮状物的更大颗粒。

在此基础上，原油的分散体系可以表现为三相体系，其中沥青质、芳烃(包括胶质)和饱和物微妙平衡。各种因素如氧化，都会在系统上产生不利影响，由于改变原油中物种的极性和结合排列，导致不稳定或不相容性。

对原油分散和胶质的稳定影响以及一般烃介质中沥青质稳定性的另一种解释是个别沥青质物质和胶束处于热力学平衡，因此缔合程度由单体和胶束的相对溶剂化能以及与沥青质单体自缔合相关的熵和焓变化决定。

1.2.1.2 分散系统的稳定性/不稳定性

当外部影响扰乱分散系统时，会产生分离的或不溶的相。这种影响可能会在回收操作、精炼操作或储存过程中出现，并且会发生以下变化：

(1) 不同组分的自然丰度改变；

(2) 在回收和精炼过程中可能发生成分的化学或物理变化，特别是可能由热过程引起的变化；

(3) 在回收和精炼过程中或在储存过程中可能发生极性基团分布的改变。

所有这些事件都会对原油分散系统造成干扰。然而当这种干扰发生时，影响最严重的是相对分子质量较高的成分，最终导致不相容性(沉淀、沉积物形成、油泥形成)，具体视情况而定。因此，高相对分子质量成分的分散性成为需要关注的问题。理解这个问题的方法之一是了解较高相对分子质量成分的化学和物理特性。通过这种方式，可以理解甚至预测分散性问题以及随之而来的不兼容问题。

沥青质馏分的化学性质复杂，但可以方便地根据相对分子质量和极性来表示。对于不同的原油，代表相对分子质量分布和极性变化的线的斜率会有所不同。沥青质不能按照通常意义上来结晶。然而，沥青质可以通过使用多种技术进行细分。这些馏分的相对分子质量不同，官能团类型和官能团含量也不同。这些数据支持并重申了沥青质是分子大小和各种功能类型的复杂混合物的概念。

因此，有必要了解原油的结构和稳定性，实现这一点的一种方法是通过滴定、使用溶剂/非溶剂混合物研究沥青质沉淀/絮凝。

在初期降水点沥青质从原油中分离出来的点变得明显时，沉淀物是基于构成沥青质的类型的分子大小和极性的物质的聚集体。

原油是一个连续体，每个组分都依赖于另一个以保证整个原油的稳定性。在分散系统中，它是极性的即杂原子，负责形成悬浮的有机固体。然而，就化学和物理学方面的推测而言，仍然很大程度上未定义的领域是原油成分不相容的现象，这可能在这些操作过程中发生。回收过程中(以及精炼过程中)悬浮固相的形成与原油的化学和物理结构有关，后者受前者的影响很大。

控制原油中沥青质沉积物形成和沉积的参数与原油的成分以及用于采收过程的参数有关。还必须认识到，与原始原油相比，作为独立相从原油中沉积的物质更芳香且杂原子化合物更丰富。事实上在某些情况下，特别是当发生氧化时，沉积的物质比沥青质更芳香，杂原子更丰富。

就影响沉积物形成的原油参数而言，沥青质含量以及沥青质与其余原油的化学和物理关系值得关注。例如虽然原油的沥青质含量在很大范围内变化，但沥青质含量并不是对沉积物形成的唯一决定性影响。

尽管人们普遍认为原油的沥青质含量随着 API 比重的降低而增加，但在轻质油中会发生导致沥青质沉淀的分散系统的扰动。这种效应(气体脱沥青)是由于在成熟过程中随着储层压力增加，烃类气体在原油中的溶解度增加。当沥青质通过官能团(例如碱性氮物质)与储层岩石相互作用时，尤其是岩石的酸性功能，就像它们与吸附剂相互作用一样，也会发生不相容性。

由于空气氧化，不相容性可能在恢复操作期间发挥不利的作用。通常，在催化剂存在或不存在的情况下，极性较大的物质首先氧化，留下相对不含杂原子物质的原油。因此，氧化是在烃油中产生高极性物质的一种方式，导致极性沉积物的沉积并类似于脱沥青过程。因此在将氧气加入极限后，沥青质和胶质发生显著变化。这些变化与其说是由于氧化降解，不如说是由于引入了氧功能，这些功能会干扰分子内和分子间结构的自然顺序，导致沥青质的分离。

因此随着这些参数的改变，沉积物的形成可能发生，尽管沉积物的性质会有所不同并取决于形成过程。还有几种与过程相关的不稳定力会导致沥青质沉淀，每一种都涉及对原油中存在平衡的干扰。

例如二氧化碳通过降低 pH 值、改变原油组成和产生湍流，导致分散的原油系统不稳定。通常在二氧化碳注入或增产的后期阶段，随着原油可利用的二氧化碳量增加，沥青质沉淀增加。沥青质沉积最显著的主要位置是井筒和泵区。此外，富气的驱油(混相驱油)会降低溶液的溶解能力，从而破坏沥青质–原油混合物的稳定性。在这些应用中使用的烃类气体有效地引起原油的脱沥青(气体脱沥青、溶剂脱沥青)。富气的负面影响在泡点附近最大，达到泡点后，这种影响会减轻。类似地，有机化学品，如异丙醇、甲醇、丙酮，甚至一些不含芳香族成分的乙二醇、醇或表面活性剂溶剂，可能会选择性地沉淀沥青质和胶质。

分散系统的不稳定性，反映为沥青质成分的沉淀，可能是由井增产引起的，例如酸化，这涉及局部化学平衡、pH 值和二氧化碳释放的剧烈变化。它还可能增加一些离子的浓度（如铁），这将促进沥青质沉积物的形成。

压力的降低是影响原油中固体沉积开始的另一个重要因素。事实上对于富含轻馏分的原油，压力的影响在刚好高于泡点时尤为明显。根据压力降低的位置，沉积可能发生在储层的不同部分以及井筒和生产流中。此外压力的降低通常伴随着温度的降低，这也会导致物理化学性质不稳定，从而导致沥青质从原油中分离。单独的压力变化也可以引起类似的沥青质沉淀。

原油中的沥青质通过分子内两性离子或极化的存在而带电，因此任何可以在原油的两端或内部产生电位的过程（例如通过油藏通道或通过管道的流动）也将通过稳定电力的干扰导致沥青质的电沉积。此外，分子电荷的中和也会导致沉淀物的形成。

分散系统的扰动是通过沥青质沉淀产生的，其机理是复杂的。然而，由于分散系统依赖于所有成分（即饱和物、芳烃、胶质和沥青质）的稳定性，因此有必要将此系统的每个成分视为相互作用的连续或离散混合物。

考虑分散系统的性质一般有两种方法。第一种方法认为沥青质成分不是分散的，而是以真正的液态溶解在原油中，在这种情况下，沥青质沉淀被认为取决于温度、压力和成分的热力学条件，这种方法将通过沥青质沉淀对分散系统的破坏视为热力学可逆过程。第二种方法认为沥青质是胶体分散并被胶质分子稳定的固体颗粒；因此，沉积过程被认为是不可逆的。如果沉淀的物质是沥青质的反应衍生物（即沉积物），这可能是正确的，但如果沉淀的物质是未反应的沥青质，那么这个假设可能还需要修正。

另一方面，已经提出了两种不同的模型来解释原油的行为和回收作业期间固体沉积的可能性。

连续的热力学模型利用多相聚合物溶液的理论来预测原油中有机沉积物的起始点和数量，还开发了能够预测有机沉积开始的空间胶体模型，这两个模型的组合产生了分形聚集模型。这些研究通常足以预测沥青质–原油相互作用问题(相行为和/或絮凝)在原油生产和加工过程中可能发生的任何地方。

在连续的热力学模型中，高相对分子质量有机成分在原油中的分散程度取决于原油的化学成分。高相对分子质量物质的沉淀可以用原油中分子平衡的变化来解释，这是因为原油成分的平衡发生了变化。此外，沉淀过程被认为是可逆的。事实上分馏后原油的重构已经得到证实，并为该模型提供了支持。

在空间胶体模型中，原油中的高相对分子质量物质被认为是不同大小的固体颗粒，以胶体形式悬浮在原油中，被吸附在其表面的其他原油成分(即胶质)稳定。原油物理结构的最初假设，即胶质在沥青质的稳定中发挥了作用，后来证实了胶质在原油中的作用，支持该模型。

在分形聚集模型中，假设 pi-pi 相互作用是沥青质结合的主要方式。这个假设可能不完全有效，因为有利于分子之间氢键结合的证据以及原油中沥青质-胶质相互作用可能比沥青质-沥青质相互作用更占主导地位。沥青质-沥青质相互作用可能是主要相互作用的概念适用于沥青质溶液，这反映在相对分子质量数据中。然而不能保证这些相互作用在原油中占主导地位(特别是有证据表明其他相互作用的潜力很大)。该模型还假设沥青质部分溶解，部分处于分散胶体状态，从而考虑到高相对分子质量有机成分在低相对分子质量成分中的溶解度和胶体效应。

另一个潜在模型涉及使用沥青质的溶解度参数和周围介质的溶解度参数。已知沥青质的溶解度随周围液体介质的溶解度参数而变化，并且各种液体的溶解度参数的计算或估计是已知的。根据这些数据，可以估计当原油的组成因添加烃类液体而改变时沥青质沉淀的点。溶解度参数概念还认识到沥青质的极性分级，因为在加入非溶剂期间，当极性最大的成分首先沉淀时，会发生选择性沉淀。

应用溶解度参数概念的模型通过假设由沥青质和脱沥青油形成的总原油来计算相互作用；因此该系统被认为是一个双组分分散系统。相平衡的变化是由两种组分中任何一种的溶解度参数的变化引起的，这可能是由于气体或烷烃在脱沥青油相中的溶解或温度的变化而发生的。

这一概念的进一步发展导致了多环芳烃系统溶解度参数的图形表示和基

于氢/碳比的沥青质溶解度参数的估计。这一知识的进一步发展可以跟踪沥青质沉积的进展，并使用简化的相图估计沉积物形成区域(或不稳定和不相容性区域)。显然需要做更多的工作来将数学程序应用于这个概念，但它确实用了沥青质和原油的化学和物理特性的知识原理。

一般来说，这些模型在一定程度上适用于原油性质的预测，也适用于预测原油因压力、温度和成分变化而产生的沉积物(沥青质、石蜡、胶质)。使用不能反映或识别原油的实际化学和物理结构的假设可能会导致数据错误。进一步的建模必须涉及对更现代的原油结构概念的认识，以及将模型应用于沉积物沉积位置和数量的可预测性。

这些模型被提议作为原油分散系统的代表，因此适用于沉积物(即沥青质、胶质、蜡)沉积的预测。进一步的建模必须涉及对这些物质的化学理解，并反映对原油物理化学结构更现代的方法。只有这样才有可能更准确地预测降水的开始以及生产井和输油管道中沉积物沉积的位置和数量。

1.2.2　原油分散系统的结构组织特性

原油和原油馏分能够以两种状态存在：真溶液和分散系统。处于真分子溶液状态的原油系统非常少。实际上所有剩余的原油产物、原油以及在一定条件下更轻的原油馏分都是原油分散系统。原油分散系统的大部分性质特点由它们的胶体化学结构及在它们中形成胶质相尺寸生成物所决定。

分散系统可以是多相的，在最简单情况下是两相的。单相物质在另一种物质中有限溶解或者完全不溶解是形成分散系统的必要条件。在原油分散系统中一些分布在分散介质中的由低分子化合物组成的结构构造形成分散相。

高分子石蜡、多环芳香烃、胶质、沥青质和碳质沥青能够作为原油分散系统分散相的组成部分。分散介质的成分包括各种低分子石蜡-环烷和芳香烃的复杂混合物。多环芳香烃和胶质能够成为这个或另一个系统的组分取决于分散介质的组分和与分散相间的相互作用程度。

众所周知，胶质系统分为单分散系统和多分散系统。在单分散胶质系统中分散相颗粒具有一样的尺寸。在很多情况下，这样的系统只能够通过人工的方式去制备。通常真实的原油分散系统是多分散的，即包含不同尺寸的颗粒。首先这可以通过它们化学组分和成分组分的复杂性解释。这时组成原油分散系统的原油产物挥发范围越宽，则系统越多分散。相应地，原油分散系统的多分散性使得研究其性质的任务以及定量评价不同尺寸颗粒间的相互作用复杂化，所以至今在计算实践中假设原油分散系统中在某些情况下使颗粒尺寸平均，有条件地认为其是单分散的。

原油和原油残余馏分的组分包括不同的高分子化合物，其在一定条件下与比其单一组分尺寸更大的结合生成物相互作用。在这种情况下，原油系统处于胶体状态，即属于分散系统，其中的单体颗粒不是分子，而是由多种分子组成的结合体。这些结合体的组分可以是固定不变的，也可以是根据原油系统的温压或其他条件连续变化的。这样的系统与真实的溶液是大不同的。

类似的结合体是超分子结构。可是在这种情况下考虑到上述材料应当再次注重超分子结构在真实溶液和原油系统中的不同概念。

在真实溶液中，原油组分分子间的相互作用削弱，此时原油化合物具有在自身分子中只存在化学键的特点。在一定条件下，稳定的分子能够与其他分子物质相互作用形成分子碎片结合体-超分子结构。超分子结构的形成是复杂的不同相互作用的结果，包括范德华引力、分子和化学的相互作用。在液体分子中存在固定的偶极子增大分子间的相互作用，因为偶极子与相邻分子的定向相互作用能够限制分子往来并且在极限条件下导致更多或更少的相邻分子固定缔合物。

如果在超分子结构的形成中有一种类型的分子参与，则这样的组成叫作缔合，如果不同类型的分子组合，则形成聚集体。

由此可见，超分子结构的概念具有足够高的可靠性，能够在标况下描述轻原油馏分时被使用。温度升高促使在系统中汽化并形成气泡结合体，其由多种分子组成且尺寸远超分子尺寸。标况下重原油馏分具有其组成成分含有复杂结构结合体的特点。自然地，考虑到典型的定义，这些结合体可以叫作确定假设程度的超分子结构。

考虑到不可能在原油系统中分离出作为缔合物或聚集体基础成分的物质纯分子，在此过程中它们的结合物始终参与其中，建议称之为原油系统结构形成物，其包含单类型分子或它们的超分子碎片-缔合结合物，而由不同类型分子或它们的分子碎片组成聚集结合物。

换句话说，原油系统大量烃类和非烃类组成组分分子间相互作用形成的结构形成物被看作是缔合或聚集结合物。这种情况下缔合结合物指的是一级分子的局部形成物，而二级分子或其碎片形成聚集结合物。

缔合结合物和聚集结合物的品质，即它们组分的分子碎片的总和，当有外部作用到原油系统时是变化的，而且这种变化的程度对于同一个系统在很宽的范围内是不同的，其取决于施加于系统的作用强度和持续时间。

根据公认的观点，相邻分子或链环的平衡形态随着温度不断变化，而且由此可见，这些液体基本单元的外壳密度随着温度降低而增加，这种情况下有序化程度增加且分子空间布置特性变化。由此可以做出假设：随着温度降低与形态有关的系统自由体积减小。可以假设存在缔合或聚集结合物的某些配位数。此时评价在微粒间空间内的异类液体或分散介质数量的固定能力是原油系统中的附加特性。

处于不同条件下的缔合结合物和聚集结合物的主要特性：

（1）组分变动通过加入或除去一定的碎片；

（2）由于单独碎片的构型表面吸附活性变化；

（3）把周围介质成分盐析作用到微粒间空间的能力。

组成这些形成物的要素的总平衡应当列入原油系统结构形成物最重要的特点。结构形成物的某些相对形成物主平衡轴心具有一定优势性质，符合平衡形态系统的稳定状态。

取决于其形成的温度条件，缔合物、聚集体或者相应的缔合结合物或聚集结合物可以是低温的、中温的或高温的，以及考虑到在某些温度区间这些结合物分子组成的守恒，其可以是可逆的或不可逆的。

低温的聚集结合物在低温时出现，超分子结构主要在物质层面上相互作用，包括石蜡和沥青质碎片。当温度下降，分子间相互作用由范德华力所决定，形成可逆的原油高分子化合物的低温结合物-石蜡、芳香烃、胶质和沥青质。

当温度上升到超过300~350℃时发生更复杂的现象。在第一阶段，因为燃料中易沸组分蒸发，高分子化合物浓度增加，导致这些化合物强烈的相互作用以及形成聚集结合物。这些被叫作中温聚集结合物拥有自己的尺寸，其分子的有序程度和其他性质与低温的不同。当温度继续提升，由于蒸发、分解、化学转化等过程，在系统中形成新的高温的不可逆聚集结合物。

当加热原油系统时，在温度升高的条件下相应稳定的析出气体，由于燃料分解以及易挥发组分挥发出现基本上新的超分子结构，其以胶体状态气泡形式存在于系统中。这些气泡在系统中形成缔合结合物或聚集结合物，它们与液态高分子化合物缔合结合物和聚集结合物一样，属于系统中自身补充的分散相。

低温的、中温的以及达到一定紧密值的高温聚集结合物是局部形成物，其组成与尺寸在外部因素的作用下变化。

在高温下，在原油系统中形成不可逆的高分子化合物聚集结合物，存在气泡类型的聚集结合物，最终导致形成固态泡沫-焦炭。类似的具有有序结构的聚集结合物，常常被叫作微晶。微晶在高温区间是不可逆的结构，属于聚集结合物。在普通情况下，不可逆的原油成分聚集结合物的总合具有最终的物理-化学和结构-力学特性，可以叫作超结构。

1.2.3 沥青质溶液行为的物理模型

石油工业对沥青质的兴趣来自在生产设施中经常形成沥青状沉积物的现象。这些沉积物导致运营成本增加，因为它们增加了原油循环中的压力损失，从而减少了每天的原油产量，有时它会因油管或管道堵塞而导致停产。因此，研究它们在何种条件下形成是至关重要的。在过去的几十年里，人们采用了两种方法来研究沥青质：概念性方法和现象学方法。

概念性方法从沥青质的定义开始：为了研究这些沥青化合物，它们通过标准程序从原油中提取。根据定义，沥青质是在每克油中加入 30mL 正庚烷时沉淀的原油部分，可溶于甲苯。这导致分离的相富含杂原子，具有高芳香性和相对分子质量。

在这一点上需要强调的是，沥青质包含数千种彼此可能非常不同的化合物，因为它们会在加入正庚烷时由于以下几个原因而沉淀：芳香性、大小或极性的差异。此外，沥青质沉淀问题是一个复杂的过程，与总含量没有直接关系，而与操作过程中物质的积累有关。

概念性方法认为，如果知道沥青质的分子结构，就可以解决问题。它们包括寻找沥青质的平均分子结构，即沥青质是包含数千种不同化合物的溶解度类别。不同团体发表的结果之间的比较进一步受到以下事实的阻碍：每个团体都使用特定的洗涤方法来分离沥青质，已经证明洗涤程序对沥青质的数量和质量具有至关重要的影响。

这种方法侧重于沥青质，而原油通常被认为是次要的。应该对这一现象进行建模和预测，而且似乎仅靠沥青质分子参数(相对分子质量分布等)无法解决问题。这种方法低估了三个基本方面：

(1) 不稳定来自沥青质与周围介质之间的相互作用。如果不知道沥青质与其余原油的特定关系，那么对沥青质的完整描述将毫无用处。原油中沥青质状态对应于不同的行为描述：液液平衡、固液平衡、空间稳定胶体等。对于描述沥青质分离的最佳方法仍然没有达成共识。此外，如果系统是经典相平衡，则沥青质标准定义(包括正链烷烃去除和沥青质洗涤步骤)将意味着在分离过程中会丢失有关原始介质中平衡浓度的所有信息。沥青质应在原油中以其原始状态进行研究，因为与周围介质的相互作用在其形成过程中起着至关重要的作用。

(2) 处理此类系统的可靠热力学模型的可用性。为了获得能够预测相平衡的模型，需要化合物的特性，例如临界(或伪临界)特性。根据化学特征估计这些特性将是非常困难的。

(3) 沥青质沉积物通常非常不均匀，它们的外观类似于“巧克力慕斯”；然而通过标准分离程序，可以获得呈深色粉末的沥青质部分。有一些证据表明，只有小部分实验室沥青质会在沥青质自缔合中发挥作用。

现象学方法从对感兴趣的现象的观察开始，并试图深入了解物理以进行建模和预测。它寻找一种工具来为现场问题提供实际答案。由于先前讨论的概念性方法的不足之处，建议使用现象学方法。沥青质的特殊行为是分离/沉积似乎是由于压力降低时油溶剂能力的变化而发生的。两个主要的观察：

(1) 问题更常见于具有低沥青质浓度和储层压力与气泡压力之间较大差距的液状石蜡；

(2) 沉淀主要发生在接近气泡压力的区域。

通常考虑两种类型的实验：确定加入沉淀剂后分离的沥青质的量和确定起始条件。前者的主要缺点是沉淀相必须经过多次洗涤才能“净化”沥青质，从而消除了一些成分，避免了确定两相组成的可能性。从这个意义上说，絮凝开始时测量是最好的选择，即使开始时的分离相非常小并且分离相的分析是不可能的。沉淀开始的测量包括向原油中添加沉淀剂(在大多数情况下为正庚烷)和确定引起相分离所需的最小体积。通常通过以下特性之一的变化来开始检测：UV-VIS 吸光度、NIR 吸光度、电阻抗、电阻、折射率。

由于代表性的原油样品难以获得且价格昂贵，因此通常使用储罐油进行实验。

总结本介绍中的事实，推荐使用现象学方法，应研究油样而不是分离的沥青质。

一旦相关的实验类型个性化，就需要一个物理模型来描述这种现象。通常，实验获得的数据存在严重缺陷，因为观察和结论取决于沥青质-原油相互作用的假设物理性质。通过这种方式，沥青质沉淀的不同导致了基于不同方法的多个模型。

(1) 液液平衡(LLE)

最常见的是沥青质分离被描述为液-液相分离。沥青质被认为是溶解在周围介质(油)中的大分子。添加非溶剂后，平衡被破坏，沥青质分离。从这个意义上说，沥青质的行为类似于有机溶剂中的聚合物。假设原油由两种成分组成：周围介质和沥青质。平衡由过量自由能表达式描述。这种方法已广泛用于聚合物溶液中，假设纯沥青质相会分离，从而简化了该方法。测量用于确定原油和沥青质的溶解度参数，这些参数用于在其他条件下进行预测。

另一个研究方向是通过状态方程计算 L-L 平衡。更复杂的状态方程，如 SAFT，也被用来模拟沥青质行为。这些方程非常复杂，包括多达 14 个需要在没有实验证明的情况下估计的参数。

（2）固液平衡（SLE）

由于分离出的沥青质具有类似固体的外观，一些固液平衡模型也被用于描述沥青质和蜡沉淀；在这个框架中，沥青质分离被描述为一般的固-液相分离。SLE 意味着与 LLE 相关的可调参数数量的增加，其中通常有沥青质的潜在融合热。这些计算通常由不是专门为沥青质系统开发的软件包进行。

（3）胶体模型

由于沥青质的特性，沥青质不溶于原油；胶质的存在，即沥青质和原油之间的中间化合物，使得系统稳定。这就是所谓的热力学胶体模型：沥青质被描述为通过吸附在其表面上的胶质分散在周围介质中的不溶性固体。假定沥青质吸附胶质和油溶性胶质之间达到平衡，并且假定当胶质从沥青质表面解吸时会发生沉淀，则胶质要么吸附在沥青质颗粒上，要么溶解在原油中，吸附胶质和松散胶质之间的平衡是通过化学势来描述的。当胶质解吸并且胶质层达到临界值时，沥青质颗粒沉淀。

另一个胶体模型假设溶解在原油中的沥青质胶束和沥青质分子之间存在平衡。沥青质分子具有极低的溶解度，因此当平衡趋向于解聚胶束时，就会发生分离。分离出的相是纯沥青质相。这个模型极其复杂，需要估计的参数很多。

1.3 高黏原油流变性影响因素

在1971年的苏联第五届物理化学力学会议上，原油系统结构的胶体化学观点第一次得到了广泛承认，关于这个问题的第一次国际研讨会于1995年在里约热内卢举行。

从胶体化学的观点来看，原油被认为是一种复杂的多组分混合物，根据外部条件其表现出分子溶液或分散体系的特性。

原油分散体系的存在是由于分子间的相互作用和相变，导致形成了超分子结构：缔合体(由于范德华力)和络合物(由于化学键)[4]。原油分散体系被称为所谓的“缔合胶体”，它们与具有稳定大小的分散相固体颗粒的常规胶体体系的区别在于，在“缔合胶体”中，有规律发展的分散相颗粒经历了许多可逆的转化，形成了从最简单的纳米颗粒分散体相到复杂的分散体超分子纳米结构相[5]。

首先，流变性质取决于石油原料的天然纳米相[6]：

(1) 缔合纳米胶体(胶质和沥青质)；

(2) 结晶纳米胶体(链烷烃)。

随着温度的降低，高相对分子质量的链烷烃表现出与超分子结构形成的分子间相互作用的趋势。链烷烃的缔合趋势取决于链的长度及其支链、链烷烃的浓度、与其他高相对分子质量烃的比例、系统的溶解度和温度。链烷烃超分子结构仅在低温下才能存在于原油系统中，并在温度升高时被完全破坏。

相对于沥青质，原油是疏油性(甲烷烃，可能还有环烷烃)和亲液性(芳烃，尤其是胶质)溶剂的混合物。如果原油分散介质包含能很好地溶解沥青质的烃，那么通常它们不会形成缔合体。如果分散介质相对于沥青质是疏油的，则原油会在其中形成缔合体，这些缔合体会凝结并沉淀，或悬浮在油体系中。随着温度升高，沥青质缔合体易于发生物理甚至化学聚集。

与原油的其他成分不同，分子在沥青质馏分中的归属不是由单独的理化参数决定的，而是由在某些单成分液体中的溶解度决定的。根据美国材料与试验协会标准(ASTM D2007-80，IP 143/90)，该原油馏分包括所有不溶于正戊烷或正庚烷，但可溶于芳族介质(苯或甲苯)的物质。因此，术语“沥青质”适用于整个分离产物，诸如沥青质分子的确切结构之类的概念是没有意义的，我们只能讨论某些代表性的结构[7]。沥青质分子被认为包含由链状烃结构构架的稠环系统。沥青质的主要特征之一是O、N和S原子的存在，即它们属于杂原子化合物。平均而言，典型的沥青质分子包含一个氮和两个硫原子。由于沥青质的高活性，它们可以从环境中捕获金属原子(主要是钒V、镍Ni、铁Fe和钙Ca)。沥青质分子的元素组成见表1-1。

表1-1　沥青质单个分子(单体)的一些结构参数[7]

参　　数	数值范围
相对分子质量	650~800
全有效直径/nm	1.56~2.36
脂族侧链长度/nm	0.55~0.65
多环稠核中的芳香环数	6~10
芳香指数(芳族子系统中碳原子的比例)	0.40~0.46
环烷环数	2~3
氮原子数	0.70~1.20
硫原子数	1.50~2.50
原子比 H/C	0.90~1.30

1961年，Т. Йен提出了所谓的“板对板”型沥青质结构成束模型，在其基础上假定不同分子的多芳烃片段面平行取向并形成分层结构的基本可能性。根据该模型，沥青质是直径为0.9~1.7nm的结构，由4~5个间隔为0.36nm的层组成[8]。

沥青质通过改变平衡分子结构而适应(适应)竞争环境(原油、石油产品、溶剂)的能力也使沥青质分子模型的构建变得复杂。由于具有自组织性，即使在液体介质中浓度很低的情况下，沥青质也能形成分子聚集体-缔合体。最初这些聚集体被称为“胶束”，类似于简单表面活性剂溶液的分子组织。对于沥青质被认为在约 2～6. 5g/L 的临界胶束形成浓度下，存在一个统一的聚集阶段。在低于临界胶束形成的浓度下，沥青质形成分子溶液。

但是进一步的研究表明：超分子沥青质聚集体的形成机理与表面活性剂的经典胶束形成不一致，发现在不超过 2～3mg/L 的浓度下可能形成沥青质分子溶液，这比上述临界胶束形成浓度值低 1000 倍[7]。

2006 年底—2007 年初，И. Н. Евдокимов，Н. Ю. Елисеев 和 А. П. Лосев[5,7,9,10] 发表了悬浮在石油体积中的沥青质结构转化模型的研究结果，该模型考虑了它们自缔合为大量明显可区分的纳米胶体形成的可能性。他们提出了原油中沥青质缔合纳米胶体的温度-浓度综合相图，其中相变的边界位于浓度和温度的实际重要范围内(图 1-1)。图中 1～5 是液体介质中浓度确定的相界。

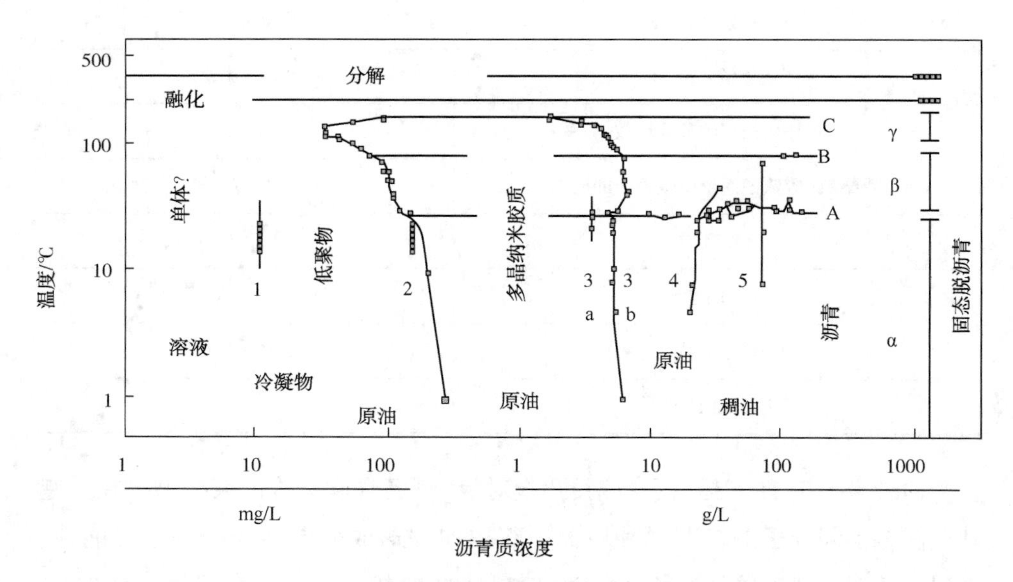

图 1-1　大气压力下原油沥青质的温度-浓度综合相图

沥青质纳米相的状态可以描述如下：仅在 5～10mg/L 的浓度下原油介质中存在单独的沥青质分子(单体)。当超过该浓度时，沥青质的初期聚集开始于少量沥青质分子的低聚物-聚集体纳米相的形成。低聚物具有“群岛”类型的支链结构，其中烃链是相对小的单体的“岛”之间的“桥”。在沥青质含量介于0.10~0.15g/L和1~3g/L之间的原油介质中，纳米相由直径为2~10nm的独立颗粒形成的“纳米胶体”组成。纳米胶体是相当稳定的形成具有平行芳香体系的几个分子(通常为4~6)的“束状”形式。由于存在有序结构，这样的纳米胶体称为“微晶”。在较高的沥青质浓度(从7~10g/L到140~160g/L)下，相图显示了絮凝纳米胶体的各种状态。因此7~10g/L和20~35g/L的沥青质浓度之间，絮凝纳米胶体是尺寸达几十纳米的孤立物体。在相界20~35g/L和70~90g/L之间的区域中，絮凝纳米胶体的内部结构保持不变，但它们开始相互强烈地作用，这使原油系统的液体介质具有很高的黏度。这种相互作用的结果是在沥青质的胶体体系中形成了松散的分形物。相界为70~90g/L和140~160g/L之间的区域对应于沥青质的悬浮胶体，其由大颗粒(>0.1μm)组成，可以形成类似于凝胶的空间有序结构。另外在该区域中由于固相的沉淀，悬浮胶体的沉淀作用稳定性可能会损失。在原油中沥青质缔合的纳米胶体的温度-浓度综合相图中，可以根据温度区分以下状态的聚集的沥青质。在负温度下，它们是固态晶体，直到-30℃为止，它们都会发生相变，转变为非晶态(玻璃态)结构。沥青质的非晶态相由于极性烷基侧链的相互作用而实现，并在达25~30℃的温度下占优势。在随着温度升高至100℃而进行的进一步相变过程中，芳族沥青质板之间的键变得占优势，并且颗粒变得更致密，从而减小了它们的尺寸。在100~180℃的温度范围内，某些沥青质纳米相具有一定的晶序。在更高的温度下沥青质的无定形相会软化，仅在约220~240℃的温度下晶体构成物才开始熔化。当温度达到350~400℃时，在形成焦炭之前就先形成液晶中间相(晶态和非晶态之间的中间态)而破坏沥青质。

由于沥青质的超分子结构或原油系统的高分子链烷烃与由极性和非极性化合物的混合物组成的分散介质相互作用，在纳米颗粒周围形成了溶剂化壳。溶剂化壳的形成是由于不易发生分子间相互作用的化合物在形成核的颗粒上的吸附。例如对于沥青质缔合体，它们是胶质和芳族烃。中间层将包含烷烃和环烷烃。这种包括超分子结构(核)和溶剂化壳的分散颗粒称为复杂结构单元。

复杂结构单元主要为球形的单元，能够在分散介质中独立存在和移动，因为纳米粒子的溶剂化壳阻止了它们的结合（图 1-2）[11-13]。

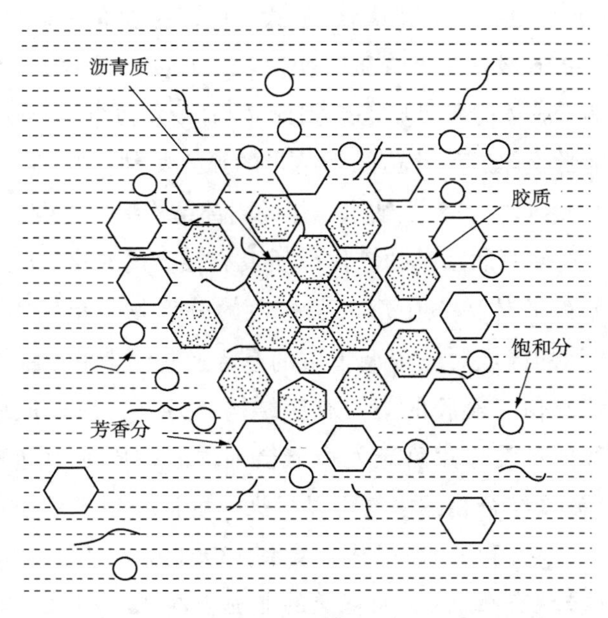

图 1-2　高黏原油沥青质胶体的复合结构单元模型

当高黏原油在温度和压力参数可变的条件下通过管道运输时，它们会经历多次结构变化，其结果是分散度的变化。在原油分散体系的分散性和宏观性能之间存在关系。原油分散体系抵抗外力作用的能力，即其结构-机械强度，主要取决于围绕超分子结构的溶剂化壳的厚度，而且复杂结构单元的核的大小和溶剂化层厚度的变化具有抗软化特性。

根据任务的不同，建议在一种情况下以复杂结构单元最小的核心尺寸执行工艺流程，而在另一种情况下以最大的方式执行。

如果纳米颗粒具有溶剂化壳的最大厚度，则原油分散体系是稳定的，因为它减小了颗粒与介质之间的密度差，即相分离过程的驱动力降低了。另外厚夹层的存在导致它们之间的相互作用降低，因此系统的结构-机械强度降低。同时溶剂化壳厚度的减小导致原油分散体系的结构-机械强度的增加。

完全除去溶剂化物层后，分散介质开始直接与复杂结构单元的核相互作用，将其转变为对分层具有无限稳定性的分子溶液状态(系统是热力学稳定的)[14]。

原油分散系统的复杂结构单元在外部影响下(例如温度变化时)形成结构，细分为[15]：

(1) 非结构化系统，是烃的混合物，不易发生分子间相互作用并形成超分子结构。非结构化体系的黏度特点是具有不变性。

(2) 自由分散(低结构化)系统，其特征在于存在超分子、未连接的结构(溶胶)。它们的黏度取决于剪切速率。

(3) 连接分散(结构化)的系统包括形成内部空间网络(凝胶)的化合物。所形成的结构覆盖了分散介质的全部体积，并且由范德华力通过液体夹层(凝结结构)结构元素的黏附而形成。

凝结结构的特点是触变性，这是在机械作用下发生的可逆的等温“凝胶-溶胶”转变。这种转变可以通过破坏形成凝胶结构的颗粒之间的接触来解释，随后在结构元素的布朗运动过程中将其恢复。

因此，在原油多组分系统中可逆的超分子结构和具有不同结合倾向的复杂结构单元的形成显著影响了高黏原油的管道运输和存储技术的选择。如果不控制自由分散和连接分散结构的形成过程，那么当原油沿管道运动时，在管道以及储罐和其他设备中形成胶质沥青质石蜡沉积物，会导致总摩擦头的大量损失。

如上所述，原油被归类为纳米材料，因为它们包含天然纳米颗粒，其演化由通用定律-相图描述。这使得可以将超分子化学方法应用于它们，该方法基于通过有目的地改变外部条件和介质组成以降低其结构和机械强度来控制纳米物体的相结构。

在准备泵送高黏原油及其在管道中的流动过程中，可以通过以下改变控制物理聚集：

(1) 温度；

（2）介质的溶解能力；

（3）原油系统结构部分与其液相的比率；

（4）使用机械方法、电场和磁场等改变缔合物的分散程度。

高黏原油中的上述结构形成控制原理被引入其管道运输技术中并在工业中使用。

1.4　传统高黏原油管道输送技术概述

燃料资源的供应决定了国家的能源安全和经济发展。在过去的几十年中，世界各国的现代经济发展导致能源资源（主要是原油）的消耗大量增加。

由于中低黏度的原油储备已经枯竭，石油公司的重要任务之一是寻找替代性烃类燃料。世界上已经成功地使用了某些类型的这种燃料，例如压缩或液化形式的天然气[16-18]。但是能源消耗的增长和非常规原油[高黏原油（稠油）和沥青油]的大量储备迫使油田参与其开发。据估计，世界稠油储量为7900亿t至10000亿t，是常规原油的剩余可采储量（约1620亿t）的5~6倍。对我国而言，此类原油的储量也是石油工业资源最重要的组成部分[19-21]。

包含天然缔合和结晶纳米胶体的高黏原油通过管道运输需要使用特殊技术以减少其运动过程中的总摩擦压头损失。在高黏原油的管道运输中，有必要使用特殊的泵送技术，该技术可减少能源消耗以克服其流动过程中的摩擦力，并且不会因停输而导致管道“冻结”[22-25]。

这些技术基于上一节中所述的控制原油分散系统的天然纳米相（沥青质和链烷烃）的物理聚集原理。根据实现这些原理的方式，可分为物理、物理化学和化学方法以提高高黏原油的流动性[24]。

原油分散系统纳米粒子的结构形成是由相变的通用定律描述的。这使得可以将超分子化学方法应用于它们，该方法基于通过有意改变外部条件和介质组成以降低其结构和机械强度来控制纳米物体的相结构。

当前最普遍的是高黏原油的加热泵送，以及它们与低黏度油、原油产品、凝析油等以人工混合物的形式运输。

物理方法包括提高沿管道路线的加热炉或热交换器中的油流温度，即泵送预热的油，这是目前输送高黏原油系统最常用的方法。温度的升高导致液体的热膨胀和热运动能量的增加，从而使分子间相互作用减弱，因此内部摩擦减小并且分散体系的黏度减小。可以通过使用柔性胶带、电缆进行电加热以及使用集肤效应来加热并保持油温高于其倾点。

通常，控制结构-机械强度(流变性质)的物理化学方法包括泵送人造混合物、运输热处理过的原油以及使用抑制剂。但是对于稠油，由于后两种方法基于链烷烃结晶过程的变化[22、26、27]，因此不使用后两种方法。

人工混合物的产生意味着用低黏原油和其他烃类稀释剂(原油产品、气体冷凝物等)稀释泵送油。通常混合物中低黏度烃稀释剂的体积分数为30%[23、24]。介质溶解度的增加导致原油分散系统复杂结构单元的核心半径减小，并且同时溶剂化物层的厚度增加。纳米粒子之间厚夹层的存在降低了它们之间的相互作用水平，因此系统的结构-机械强度降低[14]。

由于泵送原油的热破坏，有可能获得低黏度的稀释剂[23、25]。通过热破坏制备用于泵送的原油的方法既可以在初步分离轻馏分下进行，也可以在没有分离轻馏分的情况下进行。

在第一种技术中，从原油进料到直接蒸馏装置，在此过程中将原油分离为气体、馏出物和残余物，蒸馏之后的残余物进入轻质裂化装置并在703～733K的温度下经历破坏。在这种情况下，稠油馏分发生热分解，这导致残余物的平均相对分子质量和黏度降低。将由于热破坏而获得的所有组分与直馏馏分混合，形成比初始原油具有更好流变特性的原油系统。

在不进行轻质馏分初步分离的情况下进行热分解时，可以使用稳定装置代替昂贵的直接油蒸馏装置，然后将脱气后的原油直接送入加热炉进行热分解。

上述技术实际上是用于改善原油流变性质的化学方法并且主要用于稠油，其黏度一方面是来自于高含量的胶质沥青质物质和环烷-芳族系列的重烃，另一方面是来自于低含量的汽油馏分。

文献[28]中给出的研究结果是使用高频振动控制沥青质含量为15%～16%的稠油的流动性的例子。高黏原油样品的处理在低功率超声浴ST-400A中进行。功耗为35W，超声频率为43～45kHz。低辐射功率的选择是因为在高功率下影响流变特性的主要因素是超声能量转移到热过程和接收过程中而导致原油的额外加热，其结果可能是碳氢化合物分子中的键断裂，导致原油的化学成分发生不良变化。

对稠油有效黏度的测量表明：在超声波作用之后，原油分散体系的胶体颗粒的尺寸可以减小和增大，相应地它们之间的键可以减弱或增强，因此观察到积极的影响(黏度降低)和消极的后果(黏度增加、沉淀)。对于每种特定情况(原油的成分组成，超声源的功率等)，有必要确定其最佳作用时间，以确保获得最大的积极效果。

参 考 文 献

[1] 李美莹．弛豫频率对稠油微波降黏效果影响规律研究[D]．西安石油大学，2016.

[2] 苗崇良，王正东．稠油油藏钻井技术[M]．北京：石油工业出版社，2012.

[3] 蒋华义．微波能在石油工业中的应用[M]．北京：中国石化出版社，2017.

[4] Батуева И Ю, Батуева И Ю, Гайле А А, и др.. Химия нефти[M]. Ленинград: Химия, 1984.

[5] Евдокимов И Н. Нанотехнологии управления свойствами природных нефтегазовых флюидов[M]. Москва: МАКС Пресс, 2010.

[6] Евдокимов И Н, Лосев А П. Нефтегазовые нанотехнологии с вовлечением природных нанообъектов добываемого сырья-на пути к《наноэкологии》нефтедобычи[J]. Промышленная безопасность и экология, 2009, 43(10): 8-11.

[7] Евдокимов И Н, Лосев А П. Возможности оптических методов исследований в системах контроля разработки нефтяных месторождений[M]. Москва: Нефть и газ, 2007.

[8] Сафиева Р З. Химия нефти и газа: нефтяные дисперсные системы: состав и свойства(часть 1)[M]. Москва: РГУ нефти и газа им. И. М. Губкина, 2004.

[9] Евдокимов И Н. Комплект учебных пособий по программе магистерской подготовки《Нефтегазовые нанотехнологии для разработки и эксплуатации месторождений》. Часть 4. Проблемы несовместимости нефтей при их смешении[M]. Москва: РГУ нефти и газа им. И. М. Губкина, 2008.

[10] Евдокимов И Н, Елисеев Н Ю, Лосев А П, и др.. Перспективные нефтегазовые нанотехнологии для разработки месторождений [C] // Доклады SPE Российской нефтегазовой технической конференции и выставки《Мир технологий для уникальных ресурсов》. Москва: Крокус Экспо, 2006: 20-26.

[11] Цзян Хуаи, Цао Бо. Оценка распределения температур в микрофизической модели тяжелой нефти при микроволновом воздействии[J]. Наука и технологии трубопроводного транспорта нефти и нефтепродуктов, 2014, 13(1): 48-52.

[12] 柳永行，范耀华，张吕祥. 石油沥青[M]. 北京：石油工业出版社，1984：518.

[13] 梁文杰. 石油化学[M]. 东营：石油大学出版社，1995：512.

[14] Сваровская Н А. Химия нефти и газа[C] //V Международная конференция "химия нефти и газа. Томск: Институт оптики атмосферы им. В. Е. Зуева СО РАН, 2003, 80-85.

[15] Сюняев З И. Физико-химическая механика нефтей и основы интенсификации процессов их переработки[M]. Москва: МИНХ и ГП им. И. М. Губкина, 1979.

[16] Рачевский Б С. Развитие энергетики сжатого и сжиженного природного газа как переходного этапа к водородной энергетике[J]. Транспорт на альтернативном топливе, 2009, 9(3): 16-20.

[17] Рачевский Б С. Сжиженные углеводородные газы-альтернатива нефти и нефтепродуктам[J]. Транспорт на альтернативном топливе, 2009, 10(4): 7-10.

[18] Цао Бо, Рачевский Б С. Использование газомоторного топлива на автотранспорте в Китае[J]. Транспорт на альтернативном топливе, 2014, 42(6): 57-61.

[19] Рачевский Б С, Цао Бо. Высоковязкая тяжелая нефть-альтернатива традиционной нефти [J]. Транспорт на альтернативном топливе,

2015，48(6)：49-55.

[20] 毛成栋，张成龙. 加快稠油资源勘探开发的思考与建议[J]. 中国国土资源经济，2013，26(10)：40-44.

[21] 杨宇，刘毅，金凤君. 世界石油探明储量分布特征与空间格局演化[J]. 世界地理研究，2014，23(01)：19-28.

[22] Агапкин В М，Челинцев С Н. Трубопроводы для транспортировки высоковязкой и застывающей нефти[М]. Москва：Инфорнефтегазстрой，1982.

[23] Губин В Е，Губин В В. Трубопроводный транспорт нефти и нефтепродуктов[М]. Москва：Недра，1982.

[24] Марон В И. Гидродинамика однофазных и многофазных потоков в трубопроводе[М]. Москва：МАКС Пресс，2009.

[25] Панов Ю Е. Технология перекачки высоковязких нефтей，включая северные районы：серия《Транспорт и хранение нефти и нефтепродуктов》[М]. Москва：ВНИИОЭНГ，1987.

[26] Беккер Л М，Конради В В，Коротков В П，и др.. Применение депрессорной присадки при трубопроводном транспорте смесей высокозастывающих нефтей северных месторождений Тимано－Печорской нефтегазовой провинции[J]. Москва：ВНИИОЭНГ，РНТС《Транспорт и хранение нефти и нефтепродуктов》，1994，(11)：11-12.

[27] Бурова Л И，Дмитриева Н А，Пономарев М С，и др.. Выбор присадки к высокозастывающим нефтям Туркмении[J]. Москва：ВНИИОЭНГ，РНТС《Транспорт и хранение нефти и нефтепродуктов》，1977，(5)：6-9.

[28] Евдокимов И Н，Елисеев Н Ю，Фесан А А. Изменение реологических свойств высоковязкой структурированной нефти при ультразвуковой обработке[J]. Ученые записки физического факультета московского университета. Москва：Московский государственный университет им. М. В. Ломоносова，2014，(6)：1-5.

第2章　稀释高黏原油管道输送的理论研究

2.1　高黏原油物理参数与稀释剂浓度的关系

原油混合物的流变性受混合组分的温度影响。如果在高于黏性组分倾点的3~5℃的温度下进行混合，则会获得均匀的混合物。在不利的混合条件下稀释剂的有效性会大大降低，并且可能发生混合物分层[1]。

稀释剂降低了泵送原油的黏度和密度，但增加了饱和蒸气压$\rho_C > \rho_H$，其中ρ_C为稀释原油的饱和蒸气压；ρ_H为初始原油的饱和蒸气压。

由不等式得出，泵送稀释原油时输油首站和中间站的压头压力应高于泵送初始原油时的压头。

当泵送不带稀释剂和带稀释剂的原油时，这种情况以及黏度和密度的差异会导致组合特性的差异，当输送两种原油的管道的水力特性相交时，相交点对应混合物流量Q^*。

对于小于此值的流量，由于泵送混合物时需要水头，因此泵送稀释原油时的压头将大于泵送初始原油时的压头。

对于$Q>Q^*$相反，泵送稀释原油时的压头小于泵送初始原油时的压头。

稀释原油的饱和蒸气压及其黏度、密度和其他热物理参数取决于添加至原油中的低黏原油或冷凝液的温度以及数量。

稀释原油的黏度根据相对简单的公式来计算：

$$\nu_{稀释原油} = \nu_{初始原油} \exp\left(-c\ln \frac{\nu_{初始原油}}{\nu_{稀释剂}}\right) \tag{2-1}$$

式中　　　　c——稀释剂的浓度；

$\nu_{稀释原油}$，$\nu_{初始原油}$——稀释原油与初始原油相对应的运动黏度；

$\nu_{稀释剂}$——稀释剂的黏度。

假定混合液体体积的可加性，则稀释剂的体积浓度等于

$$c=\frac{V_{稀释剂}}{V_{原油}+V_{稀释剂}} \tag{2-2}$$

式中　$V_{原油}$和$V_{稀释剂}$——油罐中原油和稀释剂的体积。

由于混合物的均匀性，可以使用稀释剂流量$Q_{稀释剂}$和原油流量$Q_{原油}$来改写这个公式：

$$c=\frac{Q_{稀释剂}}{Q_{原油}+Q_{稀释剂}}=\frac{X}{1+X},\ X=\frac{Q_{稀释剂}}{Q_{原油}} \tag{2-3}$$

式中　X——在下文中将其称为相对浓度。

利用这些关系，将稀释原油的黏度改写为：

$$\nu_{稀释原油}(X)=\nu_{原油}\exp\left[-\frac{X}{1+X}\ln\left(\frac{\nu_{原油}}{\nu_{稀释剂}}\right)\right] \tag{2-4}$$

原油和稀释剂的黏度取决于温度，因此混合物的黏度不仅取决于油流中稀释剂的量，还取决于温度。

在雷诺-菲洛诺夫公式的基础之上不难得到以下关系式：

$$\begin{aligned}\nu_{稀释原油}(X,\ T)=&\nu_{*原油}\exp[-a_{原油}(T-T_*)]\times\\&\exp\left\{-\frac{X}{1+X}\ln\left[\frac{\nu_{*原油}\exp[-a_{原油}(T-T_*)]}{\nu_{*稀释剂}\exp[-a_{稀释剂}(T-T_*)]}\right]\right\}\\=&\nu_{*稀释原油}(X,\ T_*)\exp[-a_{原油}(T-T_*)]\end{aligned}$$

$$a_{稀释原油}=\frac{a_{原油}+a_{p稀释剂}X}{1+X} \tag{2-5}$$

式中　$\nu_{*稀释原油}(X,\ T_*)$——在已知原油和稀释剂黏度的温度下混合物的黏度。

$$\nu_{*稀释原油}(X, T_*) = (T_*)\exp\left\{-\frac{X}{1+X}\ln\left[\frac{\nu_{原油}(T_*)}{\nu_{稀释剂}(T_*)}\right]\right\} \tag{2-6}$$

请注意，在知道不同温度下的原油和稀释剂黏度的情况下，可以使用雷诺-菲洛诺夫公式来计算在一定温度下与液体相同的黏度值，并将这些值替换到公式(2-6)。

稀释时的雷诺数也是稀释剂浓度和温度的函数：

$$Re(X) = \frac{4(Q_{原油}+Q_{稀释剂})}{\pi d\nu(c, T)} = \frac{4Q_{原油}(1+X)}{\pi d\nu(X, T)} \tag{2-7}$$

根据质量守恒定律有：

$$\rho_{稀释原油} \cdot V_{稀释原油} = \rho_{原油} \cdot V_{原油} = \rho_{稀释剂} \cdot V_{稀释剂} \tag{2-8}$$

从这里得到：

$$\rho_{稀释原油} = \rho_{原油}\frac{V_{原油}}{V_{稀释原油}} + \rho_{稀释剂}\frac{V_{稀释剂}}{V_{稀释原油}},\ \rho_{稀释原油} = \rho_{原油}(1-c) + \rho_{稀释剂}c \tag{2-9}$$

或者

$$\rho_{稀释原油} = \frac{\rho_{原油} + \rho_{稀释剂} \cdot X}{1+V_{原油}} \tag{2-10}$$

在计算泵站前的水头时，必须考虑密度与稀释剂浓度的关系：

$$H_{水头} \geqslant \frac{p_{稀释原油}}{\rho_{稀释原油}g} + H_{※} \tag{2-11}$$

式中　$H_{※}$——所选泵的汽蚀余量。

2.2 稀释高黏原油管道输送的水力特性

使用列宾宗公式，以下列形式表示泵送稀释原油时管道的水力特性方程：

$$H_{稀释原油}=\beta\frac{(Q_{原油}+Q_{稀释剂})^{2-m}\nu_{原油}^{m}}{d^{5-m}}L+\Delta z+H_{终点处稀释原油}$$

$$=\frac{Q_{原油}^{2-m}\nu_{原油}^{m}(1+X)^{2-m}\exp\left(-\frac{mX}{1+X}\ln\frac{\nu_{原油}}{\nu_{稀释剂}}\right)}{d^{5-m}}L+\Delta z+H_{终点处稀释原油}$$

$$=H_{稀释原油}=\frac{p_{起}}{\rho_{稀释原油}g},\ H_{终点处稀释原油}=\frac{p_{终}}{\rho_{稀释原油}g} \tag{2-12}$$

式中　$p_{起}$和$p_{终}$——管道段开始和结束时的压力。

总的摩擦压头损失写为：

$$\Delta H(L)=h_{\tau}(L)=\beta\frac{Q_{原油}^{2-m}\nu_{原油}^{m}L}{d^{5-m}}(1+X)^{2-m}\cdot\exp\left(-\frac{mX}{1+X}\ln\frac{\nu_{原油}}{\nu_{稀释剂}}\right) \tag{2-13}$$

或

$$\Delta H(L)=h_{\tau}(L)=h_{\tau原油}(1+X)^{2-m}\cdot\exp\left(-\frac{mX}{1+X}\ln\frac{\nu_{原油}}{\nu_{稀释剂}}\right)$$

$$h_{\tau原油}=\beta\frac{Q_{原油}^{2-m}\nu_{原油}^{m}L}{d^{5-m}} \tag{2-14}$$

式中，m 对应于泵送稀释原油的方式，当以流量$Q_{原油}$泵送未稀释原油时，可能与该指标不同。

如果在输送稀释原油和初始原油时的方式相同，则可以使用达西–韦斯巴赫公式代替列宾宗公式计算在不使用稀释剂的情况下的压头损失：

$$h_{\tau原油}=\frac{\lambda(Re_{原油})}{d}\frac{U_{原油}^2}{2g}L$$

$$U_{原油}=\frac{4Q_{原油}}{\pi d^2}$$

$$Re_{原油}=\frac{4Q_{原油}}{\pi d\nu_{原油}} \tag{2-15}$$

泵机组和泵站的水力特性也取决于值 X：

$$H_{泵站}=H_{泵站}Q_{稀释原油}=H_{泵站}[Q_{原油}(1+X)] \tag{2-16}$$

管段压头的平衡方程式为：

$$H_{水头}+H_{泵站}[Q_{原油}(1+X)]$$

$$=h_{\tau原油}(1+X)^{2-m}\cdot\exp\left(-\frac{mX}{1+X}\ln\frac{\nu_{原油}}{\nu_{稀释剂}}\right)+\Delta z+H_{终点处稀释原油} \tag{2-17}$$

式中 $H_{水头}(X)$——水头。

$$H_{水头}\geqslant\frac{p_{稀释原油}}{\rho_{稀释原油}g}+H_{※}=\frac{p_{原油}\rho_{原油}+p_{稀释剂}\rho_{稀释剂}X}{(\rho_{原油}+\rho_{稀释剂}\cdot X)^2\cdot g}\cdot(1+X)+H_{※} \tag{2-18}$$

考虑到该压头平衡方程不等式，改写为：

$$\frac{p_{原油}\rho_{原油}+p_{稀释剂}\rho_{稀释剂}X}{(\rho_{原油}+\rho_{稀释剂}\cdot X)^2\cdot g}\cdot(1+X)+H_{※}+H_{\Delta}+H_{泵站}[Q_{原油}(1+X)]$$

$$=h_{\tau原油}(1+X)^{2-m}\cdot\exp\left(-\frac{mX}{1+X}\ln\frac{\nu_{原油}}{\nu_{稀释剂}}\right)+\Delta z+H_{终点处稀释原油} \tag{2-19}$$

式中 H_{Δ}——设定的水头超出最小允许水头。

如果规定了原油的流量，则压头平衡方程式(2-19)用来确定值 X，从而确定确保泵送规定体积稠油的稀释剂的量。

确定 X 值后，便可以得到原油和稀释剂的总消耗量：

$$Q=Q_{原油}(1+X) \tag{2-20}$$

之后通过计算平衡方程左侧的值，可以得到管道开始处的压力，该压力不应超过管道材料的最大允许压力。

然后从平衡方程(2-19)中得到管道终点处的压头，并确保满足式(2-18)。

如果满足指定的限制，则可以正确选择稀释剂的体积，并且可以通过所研究的管道管段泵送指定流量的与稀释剂混合的原油。

2.3 稀释高黏原油等温输送优化处理

组织泵送稀释原油与成本有关。同时由于功率损失和能量消耗的减少，稀释剂浓度的增加导致稀释成本的增加和泵送混合物成本的降低（在一定限度内）。

通常要设定在给定方向上运输的油量。但是通过管道泵送的混合物的流量取决于所选稀释剂的量[2]。

对压头损失值与稀释剂量的相关性的分析表明，存在一定量的稀释剂，此时摩擦损失将最小[3]。

可以选择此数量并在能源消耗和成本方面将其视为最佳。但是原油稀释过程本身会产生额外的成本，因此必须予以考虑。

因此将最低运营成本作为最优准则。等温输送的运行成本包括驱动泵的能源成本以及与稀释稠油有关的成本：

$$\min S(X)=S_{运输}+S_{稀释剂}(X) \tag{2-21}$$

式中 $S(X)$——总运营成本；

$S_{运输}$——混合物输送成本；

$S_{稀释剂}$——稀释成本。

不考虑起点和终点的高程差而泵送混合物的成本可通过公式(2-22)得出：

$$S(X)=(Q_{原油}+Q_{稀释剂}X)\rho_{稀释原油}(X)\Delta H_{稀释原油}(X)\frac{\sigma_{M}}{\eta_{M}} \tag{2-22}$$

式中 σ_{M}——泵电动驱动的单位能量成本，元/(kW·h)；

η_{M}——泵的有效作用系数。

原油稀释的成本等于：

$$S_{稀释剂}(X)=\rho_{稀释剂}\sigma_{稀释剂}XQ_{原油} \tag{2-23}$$

式中 $\sigma_{稀释剂}$——考虑到稀释剂的购买、运输、注入原油和输油后分离的、除去在管道终点可变现的价值外的稀释剂每单位质量成本，元/kg。

需要注意以下情况：在确定用于泵送给定量原油的稀释剂量时，根据压力平衡方程获得了一定的溶剂量。该溶剂量与可利用的泵送条件和泵送能力相一致。

但是此稀释剂的量可能与使泵送和稀释成本最小化的稀释剂量不匹配。

比较从平衡方程中得到的两个数量并计算最小运行成本，可以决定是否使用稀释的泵送技术以及选择其他解决方案。

2.4 稀释高黏原油加热输送参数计算

原始方程组：

$$-\frac{\mathrm{d}H}{\mathrm{d}x}=i(X,\ T) \tag{2-24}$$

该方程式中的水力坡降不仅取决于温度，还取决于稀释剂和油的体积流量之比。

由达西-韦斯巴赫公式得：

$$i_{稀释原油}(X,\ T)=\lambda_{稀释原油}(Re_{稀释原油},\ \varepsilon)\frac{8Q_{原油}^2(1+X)^2}{g\pi^2 d^5}\left(\frac{\nu_{管内}}{\nu_{稀释原油}}\right)^{\frac{1}{3}}$$

$$Re_{稀释原油}=\frac{4Q_{原油}(1+X)}{\nu_{稀释原油}(X,\ T)}$$

$$\nu_{稀释原油}(X,\ T)=\nu_{稀释原油*}(X,\ T_*)\exp[-a_{稀释原油}(X)(T-T_*)]$$

$$\nu_{*稀释原油}(X,\ T_*)=\nu_{*原油}\exp\left(-\frac{X}{1+X}\frac{\nu_{*原油}}{\nu_{*稀释剂}}\right)$$

$$a_{稀释原油}(X)=\frac{a_{原油}+a_{稀释剂}X}{1+X}$$

$$\nu_{管内}(X,\ T_{管内})=\nu_{*稀释原油}(X,\ T_*)\exp[-a_{稀释原油}(X)(T_{管内}-T_*)] \tag{2-25}$$

式中 $\nu_{管内}$——原油运动黏度(当计算出管道内表面的温度)；

$\nu_{*原油}(p)$——当温度为 T_* 时，已知的原油和稀释剂的运动黏度；

$T_{管内}$——管道内表面的温度；

T——油流温度；

$a_{稀释原油}$——热黏度图系数，$[a_{稀释原油}]=K^{-1}$。

式(2-25)中的管道的水力阻力是根据众所周知的公式计算的，其中雷诺数代替了混合物流。

式(2-24)、式(2-25)必须用舒霍夫公式补充：

$$GC_{V_{稀释原油}}\frac{\mathrm{d}T}{\mathrm{d}x}=\pi \mathrm{d}K_{稀释原油}(T_{克}-T)$$

$$C_{V_{稀释原油}}(X,\ T)=\frac{31.56}{\sqrt{\rho_{稀释原油}}}(762+3.39T),\ \frac{\mathrm{J}}{\mathrm{kg}\cdot\mathrm{K}}$$

$$\rho_{稀释原油}=\frac{\rho_{原油}+\rho_{稀释剂}X}{1+X}K_{稀释原油}=K_{稀释原油}(X,\ T) \tag{2-26}$$

该公式中的热传递系数 $K_{稀释原油}$ 即从混合物流到管道表面的热传递系数 $\alpha_{稀释原油}$，取决于溶剂的量和温度。

有

$$\alpha_{稀释原油}=0.021Re_{稀释原油}^{0.8}Pr_{稀释原油}^{0.43}$$

$$Pr_{稀释原油}=\frac{\nu_{稀释原油}\rho_{稀释原油}C_{V_{稀释原油}}}{\lambda_{稀释原油}}$$

$$Re_{稀释原油}=\frac{4Q_{稀释原油}}{\pi d\nu_{稀释原油}}$$

$$\lambda_{稀释原油}=\frac{156.6}{\rho_{稀释原油}^{20}}(1-4.7\cdot 10^{-4}T),\ \frac{\mathrm{W}}{\mathrm{m}\cdot\mathrm{kg}} \tag{2-27}$$

根据方程组(2-24)~方程组(2-27)可以计算带稀释剂的加热输送的压头下降和温度分布。在这种情况下混合物流中的稀释剂量被认为是给定的恒定值。

在管道段的起点或终点设置原油加热温度和压头：

$$T(x=0)=T_{起},\ H(x=0)=H_{起}或T(x=L)=T_{终},\ H(x=0)=H_{起} \tag{2-28}$$

通过计算机使用数值方法可以轻松找到此问题的解决方案。

参 考 文 献

[1] Агапкин В М, Челинцев С Н. Трубопроводы для транспортировки высоковязкой и застывающей нефти[М]. Москва: Инфорнефтегазстрой, 1982.

[2] Бахтизин Р Н, Галлямов А К, Мастобаев и др.. Транспорт и хранение высоковязких нефтей и нефтепродуктов. Применение электроподогрева[М]. Москва: Химия, 2004.

[3] Лурье М В. Математическое моделирование процессов трубопроводного транспорта нефти, нефтепродуктов и газа[М]. Москва: Недра, 2003.

第3章 微波处理高黏原油的理论基础与设备

3.1 微波应用基础

3.1.1 微波简介

微波属于一种高频电磁波，波长为0.1mm~1m，频率范围为300MHz~3000GHz。在微波波段中，根据波长或频率又将其划分为4个分波段，详见表3-1。

表3-1 微波的分波段划分

波段名称	波长范围	频率范围
分米波	1m~10cm	300MHz~3GHz
厘米波	10cm~1cm	3~30GHz
毫米波	1cm~1mm	30~300GHz
亚毫米波	1mm~0.1mm	300~3000GHz

为了方便，又把微波波段更细地划分为表3-2中的一些波段，并用相应的符号进行表示。

仅用频率或波长范围来说明微波的特点是不充分的，与其他电磁波相比，微波在传播过程具有以下四个显著特点：

表 3-2 微波波段代号及其频率

波段代号	频率/GHz	波段代号	频率/GHz
UHF	0.3~1.12	X	8.2~12.4
L	1.12~1.7	Ku	12.4~18.0
LS	1.7~2.6	K	18.0~26.5
S	2.6~3.95	Ka	26.5~40.0
C	3.95~5.85	Q	33.0~50.0
XZC	5.85~8.2	U	40.0~60.0
M	50.0~75.0	G	140.0~220.0
E	60.0~90.0	R	220.0~325.0
F	90.0~140.0		

（1）直线特性

微波像可见光一样进行直线传播。

（2）反射特性

微波遇到金属之类的物体会像镜子一样产生反射。

（3）吸收特性

微波在极性介质中传播时，大量的电磁能很容易被其吸收而转变成热能，因此可以利用微博对极性介质进行加热。

（4）穿透特性

玻璃、陶瓷、聚乙烯、纸质等绝缘物体介质损耗小，分散系数低，微波在这些介质中间传播时，只有少量的微波能被吸收，因此能量损耗很少，微波对这些绝缘介质具有穿透特性。

3.1.2 微波电磁场

变化的电场会产生磁场(即电流会产生磁场)，变化的磁场则会产生电场。变化的电场和变化的磁场构成了一个不可分离的统一的场，这就是电磁场，而变化的电磁场在空间的传播形成了电磁波。电磁波是电磁场的一种运动形态。

实体物质的突出特点是不可入性和惯性，场物质的突出特点是波动性和叠加性，因此，对二者运动状态的描写有本质的区别。众所周知，一个质点或刚体在某一瞬时的运动状态可用三个速度分量来表示，而电磁场的瞬时运动状态却需用空间每一点的电场强度 $\boldsymbol{E}(x, y, z)$ 和磁感应强度 $\boldsymbol{B}(x, y, z)$ 来描述。基于此，1864 年詹姆斯・克拉克・麦克斯韦(James Clerlk Maxwell)创立了针对电磁场运动的麦克斯韦方程组，该方程组全面反映了电场强度 $\boldsymbol{E}(x, y, z)$ 和磁感应强度 $\boldsymbol{B}(x, y, z)$ 随时间的变化规律及带电物质对它们的影响。

麦克斯韦方程组包括两个旋度方程和两个散度方程，如式(3-1)：

$$\left.\begin{aligned} \nabla\times\boldsymbol{E}&=-\frac{\partial\boldsymbol{B}}{\partial t}\\ \nabla\cdot\boldsymbol{B}&=0\\ \nabla\times\boldsymbol{H}&=\boldsymbol{J}+\frac{\partial\boldsymbol{D}}{\partial t}\\ \nabla\cdot\boldsymbol{D}&=\rho \end{aligned}\right\} \tag{3-1}$$

式中　$\boldsymbol{E}$——电场强度，V/m^2；

$\boldsymbol{B}$——磁通量密度，Wb/m^2；

$\boldsymbol{H}$——磁场强度，A/m；

$\boldsymbol{D}$——电通量密度，C/m^2；

ρ——空间电荷密度，C/m^3；

$\boldsymbol{J}$——电流密度，A/m^2；

t——时间，s。

由式(3-1)可见，电场强度和磁场强度的旋度将时变电场与时变磁场相互关联，与此同时，它们也反映了电磁场随时间及空间的变化规律。此外，式(3-1)揭示时变电场和时变磁场可以互相激发，并可脱离场源独立存在，从而形成电磁波。

麦克斯韦方程组中，电通量密度的散度不为零，说明电场强度是有源场，电力线起始于正电荷而终止于负电荷；磁通量密度的散度为零，这表明磁通的连续性，即磁力线既没有起点也没有终点，磁力线是与电流相交链的闭合曲线。

一般情况下，矢量电磁场和激励源既是空间坐标的函数，又是时间的函数。若它们不随时间变化，则麦克斯韦方程组退化为静态方程组，即式(3-2)：

$$\left.\begin{aligned}\nabla\times\boldsymbol{E}&=0\\ \nabla\cdot\boldsymbol{B}&=0\\ \nabla\times\boldsymbol{H}&=\boldsymbol{J}\\ \nabla\cdot\boldsymbol{D}&=\rho\end{aligned}\right\}\tag{3-2}$$

式(3-1)中的4个方程并不完全独立，其中的两个散度方程可以从电流连续性方程和两个旋度方程得到，电流连续性方程的微分形式如式(3-3)所示。

$$\nabla\cdot\boldsymbol{J}=\frac{\partial\rho}{\partial t}\tag{3-3}$$

在麦克斯韦方程组中，没有限定$\boldsymbol{D}$、$\boldsymbol{E}$、$\boldsymbol{B}$和$\boldsymbol{H}$之间的关系，称为非限定形式。但是，由于一个矢量函数可以分解为三个标量函数，所以$\boldsymbol{D}$、$\boldsymbol{E}$、$\boldsymbol{B}$和$\boldsymbol{H}$共有12个标量函数。而一个矢量方程可写成三个标量方程，所以麦克斯韦方程组只给出了8个标量方程。因此，仅由麦克斯韦方程组还不能完全确定四个场矢量$\boldsymbol{E}$、$\boldsymbol{D}$、$\boldsymbol{B}$和$\boldsymbol{H}$，还需要知道它们之间的关系，而这些关系与媒质的物理性质有关，称为媒质的本构关系或组成关系。

在自由空间中，其本构关系为式(3-4)及式(3-5)：

$$\boldsymbol{D}=\varepsilon_0\boldsymbol{E}\tag{3-4}$$

$$\boldsymbol{B}=\mu_0\boldsymbol{H}\tag{3-5}$$

式中 ε_0——真空中的介电常数，$\varepsilon_0=8.85\times10^{-12}\mathrm{F/m}$；

μ_0——真空的磁导率，$\mu_0=4\pi\times10^{7}\mathrm{F/m}$。

实际问题中，经常遇到场域内有媒质存在的情况。我们知道，在电磁场的作用下，媒质要产生极化现象和磁化现象，它们可分别用极化强度矢量 $\boldsymbol{P}$ 和磁化强度矢量 $\boldsymbol{M}$ 来描述，其定义式分别为式(3-6)及式(3-7)：

$$\boldsymbol{P}=\lim_{\Delta V\to 0}\frac{\sum p_{\mathrm{e}}}{\Delta V} \tag{3-6}$$

$$\boldsymbol{M}=\lim_{\Delta V\to 0}\frac{\sum p_{\mathrm{m}}}{\Delta V} \tag{3-7}$$

式中，p_{e} 和 p_{m} 分别为分子电偶极矩和分子磁偶极矩，且有

$$\boldsymbol{D}=\varepsilon_0\boldsymbol{E}+\boldsymbol{P} \tag{3-8}$$

$$\boldsymbol{B}=\varepsilon_0(\boldsymbol{H}+\boldsymbol{M}) \tag{3-9}$$

式(3-8)和式(3-9)适用于任何媒质，且实验表明，在各向同性的线性媒质中，$\boldsymbol{P}$ 与 $\boldsymbol{E}$ 之间、$\boldsymbol{M}$ 与 $\boldsymbol{H}$ 之间均成正比关系，可分别表示为

$$\boldsymbol{P}=\varepsilon_0\chi_{\mathrm{e}}\boldsymbol{E} \tag{3-10}$$

$$\boldsymbol{M}=\varepsilon_0\chi_{\mathrm{e}}\boldsymbol{H} \tag{3-11}$$

式中，χ_{e} 和 χ_{m} 分别称为极化率和磁化率，均为无量纲常数，其数值由媒质本身的物理性质决定。将式(3-10)和式(3-11)分别代入到式(3-8)和式(3-9)，得到

$$\boldsymbol{D}=\varepsilon\boldsymbol{E} \tag{3-12}$$

$$\boldsymbol{B}=\mu\boldsymbol{H} \tag{3-13}$$

式中，ε 为媒质的介电常数，$\varepsilon=\varepsilon_0\varepsilon_{\mathrm{r}}$，$\varepsilon_{\mathrm{r}}$ 为媒质的相对介电常数，且 $\varepsilon_{\mathrm{r}}=1+\chi_{\mathrm{e}}$；$\mu$ 为媒质的磁导率，$\mu=\mu_0\mu_{\mathrm{r}}$，$\mu_{\mathrm{r}}$ 为媒质的相对磁导率，且 $\mu_{\mathrm{r}}=1+\chi_{\mathrm{m}}$。

此外，导电媒质中，电流密度 $\boldsymbol{J}$ 与电场强度 $\boldsymbol{E}$ 也成正比，即

$$\boldsymbol{J}=\sigma\boldsymbol{E} \tag{3-14}$$

式中　σ——媒质的电导率，S/m。

综上，式(3-12)~式(3-14)为各向同性线性媒质的本构关系，利用这些关系式，就可得到只含两个场矢量的麦克斯韦方程组。

3.1.3 材料的电介质特性

电介质物理是研究在外加作用下宏观物质中束缚电荷位移运动规律的科学，而所谓的束缚电荷指的就是束缚于物体内的正的原子实和负的其他电子。在外加作用下，物体内的电荷可能出现两种不同的运动方式：导致形成电流的运动称为迁移运动；形成电极化的运动称为位移运动。电荷受外加电场作用而引起运动的效应最为显著，但宏观物体在外力、加热、光照等外加作用下也会引起其中的电荷产生迁移或位移运动。

3.1.3.1 电介质的分类

为了便于从物质的微观结构分析电介质的性能，一般把电介质分成两大类极性电介质和非极性(中性)电介质。顾名思义，极性电解质是由极性分子组成的电解质，而极性分子指无外电场作用时，分子的正、负电荷重心不相重合，即具有偶极矩的分子；相反，非极性电解质是由非极性分子组成的电解质，而非极性分子指无外电场作用时，分子的正、负电荷重心相重合的分子。

电介质分子的极性大小由分子的化学结构决定，分子结构对称，则显示非极性，反之分子结构不对称，则表现为极性。例如，单原子分子(He、Ne、Ar、Kr、Xe)、相同原子组成的双原子分子(H_2、N_2、Cl_2等)以及对称结构的多原子分子(CO_2、CCl_4等)显示为非极性；而由离子键结合的分子就具有很大的极性，且构成双原子分子的两原子电负性相差越大，分子的偶极矩越大、极性越强。除此之外，原子在分子中的相对排列位置也会影响分子的极性，例如CO_2和H_2O从分子式来看，似乎有类似结构，其实不然，CO_2具有对称的分子结构，偶极矩等于零，为非极性分子，而H_2O为等腰三角形结构，两个H-O键的夹角约为104°，偶极矩等于$6.1\times10^{-30}C\cdot m$，为强极性分子。

3.1.3.2 电介质的极化

(1) 极化的概念

电介质在电场作用下将产生极化并存在电场。首先假设一平板电容器，两平行极板间为真空或电解质，极板面积为 A，极间距离为 d。

若施加电压 V，电极板上出现充电电荷为 Q_0、电荷面密度为 σ_0 的正负电荷，则极板上充电电荷面密度为：

$$\sigma_0=\frac{Q_0}{A}$$

此时，对这一最简单的平行板真空电容器来说，其电容量为：

$$C_0=\frac{Q_0}{A}$$

根据静电场中的高斯定理，两平行极板间任一点的场强应为：

$$E=\frac{\sigma_0}{\varepsilon_0}$$

若两平行板之间充满均匀的电介质，则在外电场作用下，电介质的内部会感应出偶极矩，将在与外电场垂直的电介质表面上出现与极板上电荷相反的极化电荷，即束缚电荷 σ'。这种在外电场作用下，电介质内部沿电场方向产生感应偶极矩，在电介质表面出现极化电荷的现象称为电介质的极化。

电介质极化以后，其表面的极化电荷将削弱极板上的自由电荷所形成的电场，故由极化电荷所产生的场强被称为退极化电场，表示为：

$$E_{\mathrm{d}}=\frac{\sigma'}{\varepsilon_0}$$

因此，在两平行板电极之间填充电介质以后，场强要比真空中的小，而由于在极化过程中，外施电压未变，板间距离不变，所以场强 E 也应维持不变，故要场强 E 保持不变，只有再补充充电，以补偿极化电荷的抵消作用。此时，极板上的电荷面密度将增加到：

$$\sigma=\sigma_0+\sigma'$$

平板电容器的电容量为：

$$C=\frac{\sigma A}{V}=\frac{\sigma_0+\sigma'}{V}=C_0+\frac{\sigma' A}{C}$$

（2）极化的分类

电解质极化主要分为以下四类：

① 电子位移极化

考察一个由带正电的原子核和绕核旋转的 Z 个电子所组成的原子体系，没有外电场作用时，原子体系中的电子云负电重心和原子核正电重心重合，不具偶极矩；加上外电场以后，电子云则相对于原子核逆电场方向移动，电子云重心与原子核重心分离形成感应偶极矩，这种极化称为电子位移极化。

电子位移极化率的计算采用简原子结构模型：在带正电荷的原子核周围，电子云均匀分布在半径为 r 的球内。假设在外加电场的作用下电子云的分布不变，电子云和原子核将受到大小相等、方向相反的电场力作用，使电子云和原子核之间产生相对位移 d。根据高斯定理，电子云与原子核之间的库仑引力相当于以 O' 为中心、d 为半径的小球内负电荷与 O 点正电荷之间的引力。

② 离子位移极化

在离子晶体中，除存在电子位移极化以外，在电场作用下，还会发生正、负离子沿相反方向位移形成离子位移极化。最简单离子晶体 NaCl 中，没有外电场时，各正、负离子形成的偶极矩相互抵消，极化强度为零；加上外电场以后，所有的正离子 Na^+ 顺电场方向移动，所有的负离子 Cl^- 则逆电场方向移动，结果致使正、负离子对形成的偶极矩不能互相抵消，极化强度不再为零。

离子位移极化完成的时间约 $10^{-12}\sim10^{-13}$ s，因此，在交变电场中，电场频率低于红外光频率时，离子位移极化便可以进行，且离子位移极化产生的偶极矩为：

$$\mu=\alpha_{\alpha}E_{e}$$

式中　α_{α}——离子位移极化率，F·m。

假设正、负离子间距为 a，在外加电场作用下，离子位移为 Δr。

若离子位移 Δr 不是很大时，正、负离子之间的作用力可以看作弹性恢复力，当电场力与弹性恢复力相等时，正、负离子处在新的平衡位置上，此时满足：

$$qE_{e}=K\Delta r$$

式中，$\Delta r=\Delta r^{+}+\Delta r^{-}$。考虑到正、负离子对形成的偶极矩为：

$$\mu_{\alpha}=q\Delta r=\alpha_{\alpha}E_{e}$$

所以

$$\alpha_{\alpha}=\frac{q^{2}}{K}$$

离子位移极化只发生在离子键构成的电介质中，由于离子间距随温度变化不大，所以离子位移极化率随温度升高会增加，但增加幅度不大。

③ 偶极子转向极化

极性电介质分子致使偶极矩的取向是任意的，也就是说偶极矩在各个方向的概率是相等的，它的宏观电矩等于零。

当极性分子受到电场 E 的作用时，每个偶极子都将受到电场力矩的作用，使它们转向与外电场平行的方向；当偶极矩与电场的方向相同时，偶极矩的位能最小，所以，就电介质整体而言，电矩不再等于零而出现了与外电场同向的宏观电矩，这种极化就称为偶极子转向极化。

由于分子的热运动，将阻碍偶极子沿电场方向的转向，因此，最终这种转向还是不大的，只是作用电场越强的话，偶极子沿电场方向的排列越趋整齐。

偶极子的转向极化由于受到电场力转矩作用、分子热运动的阻碍作用以及分子之间的相互作用，所以这种极化所需的时间比较长，约为 $10^{-2}\sim10^{-6}$s 或更长。

④ 热离子松弛(弛豫)极化

热离子松弛极化是由于电介质中存在着某些弱联系的带电质点，这些带电质点在电场作用下做定向迁移，使局部离子过剩，结果在电介质内部建立起电荷的不对称分布，形成电矩。这是一种与热运动有关的极化形式，当极化完成的时间较长、外加电场的频率比较高时，极化方向的改变往往滞后于外电场的变化，这种现象称为“松弛”，此种极化形式就叫作热离子松弛极化。

在离子键结构的电介质中，处在晶格节点上的正、负离子，能量最低，也最稳定，离子之间的相互作用力很强，离子被牢固地束缚在晶格点上，成为强系离子。在电场作用下，只发生电子位移极化和离子位移极化，但是当电介质中含有杂质或存在缺陷时，这些杂质离子或处在缺陷位置附近的离子相应的能量比较高，不是那么稳定的，容易被激活，这类离子被称为弱系离子。如在无定形体玻璃体电介质中，为了改善某些性能或工艺条件而加入的一价碱金属离子 Na^+、K^+、Li^+等，这些离子都是松弛极化的来源。

弱系离子在晶体中被相当高的势垒限制住，它只能在缺陷区域附近振动，缺陷区域的势垒(即离子的激活能)远小于正常结点区的势垒。在外加电场作用下，电介质中的弱系离子沿电场方向过剩跃迁，形成电矩，且松弛极化强度 P_T则是按指数式规律增加。离子脱离平衡位置发生跃迁是由于离子的热运动引起的，电场只是使已脱离平衡位置的离子做定向跃迁而已，这个过程从加上电场时开始，直至在电场作用下跃迁的过剩离子被反向的离子扩散所补偿为止，才最终达到稳定状态。

⑤ 空间电荷极化

空间电荷极化是不均匀电介质也就是复合电介质在电场作用下的一种主要的极化形式。极化的起因是电介质中的自由电荷载流子(正、负离子或电子)可以在缺陷和不同介质的界面上积聚，形成空间电荷的局部积累，使电介质中的电荷分布不均匀，产生宏观电矩，这种极化称为空间电荷极化或夹层、界面极化。

3.1.3.3　电介质的复介电常数

（1）复介电常数的形式

前面提到的介电常数 ε 是不随时间变化的介电常数，即静态介电常数；在交变电场下测定的介电常数称为“动态介电常数”。两者是不同的，动态介电常数(复介电常数)的大小与测量频率有关。

介电常数具有如下复数的形式：

$$\varepsilon^{*}=\varepsilon'-j\varepsilon''$$

式中　ε'——介电常数；

ε''——损耗因子。

复介电常数 ε^{*} 综合反映了介质在交变电场中的电极化行为；介电常数 ε' 是表征极化介质的一个基本参数，宏观上反映了电介质材料的极化能力；ε'' 是复介电常数的虚数部分，它决定电介质内电能转变成热能而耗散的程度。

（2）复介电常数的影响因素

① 湿度

材料的湿度 M 定义为材料含水量与不含水净质量之比：

$$M=\frac{W_{\mathrm{W}}}{W_{\mathrm{d}}}\times100\%$$

式中　W_{W}——材料含水量，kg；

W_{d}——材料完全脱水后的质量，kg。

考虑液态水在其结构上因具有固有的偶极矩，因此其具有很强的极性，即很容易吸收微波能进而转化为热能。在湿料中吸附水以两种主要形态存在，即存在于毛细管和微隙中的自由水，以及与其他分子化学结合在一起或物理吸附在干材料表面上的所谓束缚水。

随着对介质材料干燥过程的进行，从介质中首先失去的是自由水，然后失去束缚水，分界点湿度称为 M_c，即临界湿度，它是两个斜率的转折点。被束缚在材料表面单分子层里的水分子比起存在于毛细管及微隙中的水更不易旋转，因此后者引起更大的介质损耗。

② 温度

温度与复介电常数有着密切的关系，材料的介电损耗可随温度的增加而增大或减小。

③ 频率

著名的德拜方程如下：

$$\left.\begin{aligned}\varepsilon'&=\varepsilon_\infty+\frac{\varepsilon_s-\varepsilon_\infty}{1+\omega^2\tau^2}\\ \varepsilon''&=\frac{(\varepsilon_s-\varepsilon_\infty)\omega\tau}{1+\omega^2\tau^2}\\ \tan\delta&=\frac{\varepsilon''}{\varepsilon'}=\frac{(\varepsilon_s-\varepsilon_\infty)\omega\tau}{\varepsilon_s+\varepsilon_\infty\omega^2\tau^2}\end{aligned}\right\}\tag{3-15}$$

式中 ω——频率，Hz；

τ——弛豫时间，s；

ε_s——静态介电常数；

ε_∞——光频介电常数。

由式(3-15)可知：当 $\omega=\omega_m=1/\tau$ 时，$\tan\delta_m=(\varepsilon_s-\varepsilon_\infty)/(\varepsilon_s+\varepsilon_\infty)$；当 $\omega\ll 1/\tau$ 时，$\varepsilon'\to\varepsilon_s$，$\varepsilon''\approx(\varepsilon_s-\varepsilon_\infty)\omega\tau$，$\varepsilon''$与 ω 正比，并有 $\omega\to 0$ 时，$\varepsilon''\to 0$；当$\omega\gg 1/\tau$ 时，$\varepsilon'\to\varepsilon_\infty$，$\varepsilon''\approx(\varepsilon_s-\varepsilon_\infty)\omega\tau$，$\varepsilon''$与 ω 反比，并有 $\omega\to\infty$时，$\varepsilon''\to 0$；当频率接近于 $\omega=1/\tau$，ε'和 ε''都发生变化激烈，ε'由 ε_s过渡到 ε_∞，在这个范围内，ε''出现极大值。

3.1.3.4 电介质的损耗机理

所谓电介质损耗，实际上是一个能量转换的过程，是指在外加电场的作用下，单位时间内、单位体积电解质将电能转变成的热能，宏观上表现为电介质自身发热，温度升高。

电介质损耗的诱因主要有以下几个方面：

（1）电导损耗

电介质不是理想绝缘体，因而不可避免地会存在一些联系的导电载流子，要产生漏电损耗。在外电场作用下，导电载流子定向漂移形成传导电流，其大小由电介质自身性质决定，生成的这部分传导电流将以热的形式消耗掉，我们称之为电导损耗。

（2）松弛极化损耗

电介质在外电场作用下会发生极化，各种极化形式的充分建立都需要一定的时间。其中，电子位移极化、离子位移极化建立的时间为 $10^{-14} \sim 10^{-15}$s，与外电场的交变周期相比非常短，因此，在交变电源的作用下，不会产生介质损耗而消耗能量。

而热离子松弛极化、偶极子转向极化等建立所需的时间较长，一般为 $10^{-2} \sim 10^{-8}$s，甚至更长。当外电场频率较低时，这些慢极化能跟上交变电场的周期变化，实现极化。但当外电场变化频率超过一定限度时，这些慢极化来不及建立而产生极化滞后现象，即松弛现象，使得电解质的极化强度 P 滞后于外电场强度 E，并且随着外电场频率升高，电介质的介电常数 ε 下降；当外电场频率高达一定程度时，偶极子转向极化完全跟不上电场的周期变化时，由这一极化形式提供的介电常数将随频率上升而下降至零，这时电介质的介电常数只由位移极化提供，而趋于光频介电常数 ε_{∞}，这一过程也消耗部分能量，而且在高频和超高频中，这类损耗将起主要作用，甚至比电导损耗还大，即称为松弛极化损耗。

（3）谐振损耗(色散与吸收)

光是在真空或者连续介质中传播的电磁波，电磁波在介质中传播的相速度及介质的折射率依赖于频率，折射率随频率的变化形成色散现象。根据电磁场理论，色散的同时伴随着能量的损耗，色散总是同时存在着吸收，在原子、离子、电子振动或转动的固有频率附近，色散现象非常显著。谐振损耗正是来源于原子、离子、电子振动或转动时所产生的共振效应，而这种效应发生在红外到紫外的光谱范围，并不是微波所涉及的范围。

电介质在交变电场作用下，由于发热而消耗的能量为介质损耗。产生介电损耗有两个原因：一方面，因为介电物质中含有能导电的极性杂质，其所带的自由电子在外加电场作用下取向，运动受到摩擦阻力做功，介质发热，消耗能量，称为漏导电流损耗；另一方面，介质在电场中发生极化取向时，因在交变电场中往复多次取向，消耗电能以克服介质内黏滞阻力，称为极化电流损耗。

3.1.3.5 电介质的介电弛豫

弛豫的概念是由宏观热力学唯象理论抽象出来的，它的定义为一个宏观系统由于周围环境的变化或它经受了一个外界的作用而变成非热平衡状态，这个系统经过一定时间由非热平衡状态过渡到新的热平衡状态的整个过程称为弛豫。

就物理机制而言，介电质谱有共振型和弛豫型：当外电场的频率等于微观粒子的固有振动频率就产生共振，原子内的芯电子共振频率需达到的 10^{19} Hz 数量级，价电子对电介质极化的贡献约在 $3\times10^{14}\sim3\times10^{15}$ Hz 的范围，分子和晶体内部的原子、离子对极化的贡献在亚毫米波至远红外频段，即 $10^{12}\sim3\times10^{13}$ Hz；当外加电场的频率比原子的固有振动频率低时，则会导致另一种现象——弛豫，这时直接作用在电荷粒子间的恢复力不是弹性的，而是具有黏滞性的，这个热力学过程不可逆，在外加电场施加或撤出时，偶极子取向的迟缓集合，或在电极附近离子空间电荷的迟缓积聚，这些不能再用离散的能级说明其特性。

电子极化、原子极化的弛豫时间在 $10^{-15}\sim10^{-16}$ s 和 $10^{-12}\sim10^{-13}$ s 之间，所以微波场基本上不会引起电子极化和原子极化，而偶极子转向极化与界面极化的时间刚好与微波的频率吻合。

由电介质物理学和介电质谱可知，电介质的弛豫现象决定了介质对微波的吸收具有选择性，在作用频率和物质的弛豫频率相等时，介质对微波产生强烈吸收而达到峰值，这对微波的热效应和非热效应都具有重要意义。

3.1.4 微波加热理论

3.1.4.1 微波加热特点

非电磁加热首先利用热传导、热对流和(或)热辐射将热量传递给被加热体表面，再通过导热逐步使中心温度升高，故存在加热速度慢、耗散能量多的缺点；而微波加热与常规加热相比，具有显著的不同，其加热特点如下：

(1) 体加热

微波能够穿透一定深度而到达材料内部，致使材料吸收微波能后因产生介质损耗而被加热，换句话说，微波辐射加热时，被加热体就像一个个分布在物体之内的热源，这样内部与表面同时被加热。因此，微波加热具有均匀性，能对材料进行体加热，微波也可称为体加热源。

(2) 选择性

微波加热的效果与被加热物质介电参数密切相关，介质的损耗角正切 $\tan\delta$ 越大，吸收微波的能力越强，转换的热量也就越多。例如强极性电介质水的 $\tan\delta$ 很大，则水能强烈地吸收微波能，而非极性电介质玻璃、陶瓷、聚乙烯、油等物质的 $\tan\delta$ 很小，微波在这些低损耗介质中间传播时，只有少量的微波能被吸收。

微波选择性加热的特点是一把双刃剑，如果能在合适的场合将微波加热的选择性作为一种优点加以利用，将大大提高加热效率。

(3) 加热速度快

常规加热都是利用热传导、热对流、热辐射将热量首先传递给被加热物的表面，再通过热传导逐步使中心温度升高(即常称的外部加热)。常规加热若要使中心部位达到所需的温度，需要一定的热传导时间，而对热传导率差的物体所需的时间就更长。微波加热则属内部加热方式，电磁波能直接作用于介质分子从而转换成热，且透射使介质内外同时受热，不需要热传导，即所谓的体加热。故微波加热可在短时间内达到均匀加热。

（4）节能高效性

微波加热时，被加热物料一般都是放在用金属制成的加热室内，电磁波不能外泄，只能被加热物体吸收，加热室内的空气与相应的容器都不会被加热，所以热效率高。同时工作场所的环境温度也不会因此而升高，生产环境明显改善，热效率也明显提高，可以实现高效节能的目标。

（5）易于控制

微波功率的控制是由开关、旋钮调节来实现的，即开即用、无热惯性、功率连续可调、易于自动化。

（6）清洁卫生

对食品、药品等加工干燥时，微波热效应与生物效应能在较低的温度下迅速杀虫灭菌，能最大限度地保持营养成分和原色泽，所以微波加热在食品工业中得到广泛的应用。

（7）安全无害

通常微波能是在金属制成的封闭加热室、波导管内传输。目前的微波技术已经可以将微波泄漏严格控制在国家安全标准指标内，并且很多方面大大低于国家制定的安全标准。而且微波不属于放射性射线，又无有害气体排放，是一种十分安全的加热技术。

微波对物料除了上述的加热作用外，还存在所谓的“非热效应”。即在微波作用下，反应体系温度在远低于常规加热温度时，与常规加热具有相同的产率或更快的化学反应速度；或是在别的条件（如温度条件）相同的情况下，微波化学反应相对于常规加热反应的速度快，而且有时还伴有新物质生成；抑或是在常规加热条件下不能进行或很难进行的化学反应，在微波作用下变得能够进行了。

3.1.4.2　微波加热耗散功率密度

微波加热的机理是利用介质损耗把电磁能转化为热能，介质在微波作用下，单位时间、单位体积内转换为热能的大小可用微波加热耗散功率密度来表示。

微波电磁场通过某个封闭面或体积的功率为：

$$P=\oiint_s (E\times H)\,\mathrm{d}s=\iiint_V \nabla\cdot(E\times H)\,\mathrm{d}V \tag{3-16}$$

因为

$$\nabla\cdot(E\times H)\,\mathrm{d}V=H\cdot(\nabla\times E)-E\cdot(\nabla\times H) \tag{3-17}$$

综合麦克斯韦方程式(3-1)中的两个旋度方程，式(3-17)可变形为：

$$\nabla\cdot(E\times H)\,\mathrm{d}V=H\cdot\left(-\frac{\partial B}{\partial t}\right)-E\cdot\left(J+\frac{\partial B}{\partial t}\right) \tag{3-18}$$

将式(3-18)代入到式(3-16)中可得：

$$P=\oiint_s (E\times H)\cdot\mathrm{d}s=\iiint_V\left(-H\cdot\frac{\partial B}{\partial t}-E\cdot J-E\cdot\frac{\partial D}{\partial t}\right) \tag{3-19}$$

因 $B=\mu H$，$D=\varepsilon E$，且 $\frac{\partial}{\partial t}\left(\frac{H\cdot B}{2}\right)=H\cdot\frac{\partial B}{\partial t}$，$\frac{\partial}{\partial t}\left(\frac{E\cdot D}{2}\right)=E\cdot\frac{\partial D}{\partial t}$，代入式(3-19)得：

$$\begin{aligned}P&=-\left[\iiint_V\frac{\partial}{\partial t}\left(\frac{H\cdot B}{2}\right)\mathrm{d}V+\iiint_V E\cdot J\mathrm{d}V+\iiint_V\frac{\partial}{\partial t}\left(\frac{E\cdot D}{2}\right)\mathrm{d}V\right]\\&=-\left[\frac{\mathrm{d}}{\mathrm{d}t}\iiint_V\left(\frac{1}{2}\mu H^2+\frac{1}{2}\varepsilon E^2\right)\mathrm{d}V+\iiint_V\sigma E^2\mathrm{d}V\right]\end{aligned} \tag{3-20}$$

式中　$\frac{1}{2}\mu H^2$——瞬时磁场能量密度，$\mathrm{J/m^3}$；

$\frac{1}{2}\varepsilon E^2$——瞬时电场能量密度，$\mathrm{J/m^3}$；

σE^2——传导电流引起的热损耗瞬时功率密度，$\mathrm{W/m^3}$。

考虑到对加热有贡献的是有功功率，现在定义一个平均功率 P_{aV} 来表示微波耗散功率密度：

$$P_{\mathrm{aV}}=\iiint_V\frac{1}{2}f\varepsilon_0\varepsilon''E^2\mathrm{d}V \tag{3-21}$$

式中　f——微波辐射频率，MHz；

ε_0——真空介电常数；

ε''——介质损耗因子；

E——介质中的电场强度，V/m^2。

由式(3-21)可见，对一定的功率密度而言，频率越高，所加的场强越小；此外，材料的介电损耗因子越大，所需的电场强度越小。换言之，对同一种材料而言，在相同的场强下，采用工作频率高的要比频率低的更为有效。例如，采用频率为2450MHz要比频率为915MHz的效率要高2.68倍。

在微波工作频率确定后，通过寻求高介质损耗角的材料来提高对微波的吸收性能也是至关重要的。

3.2　微波加热设备

3.2.1　磁控管

1921年与1939年分别研制出了磁控管与速调管，它们不但能产生或放大波信号，而且是两种微波功率源，它们的出现促进了微波技术的发展，并为微加热应用打下了基础。

磁控管是一种用来产生微波能的电真空件，实质上是一个置于恒定磁场中的二极管。管内电子在相互垂直的恒定磁场、恒定电场的控制下，与高频电磁场发生作用，把从恒定电场中获得能量转变成微波能量，从而达到产生微波能的目的。

3.2.1.1　磁控管的结构

磁控管由管芯和磁钢组成，其中，管芯的结构包括阳极、阴极、能量输出器和磁路系统等四部分。各部分的结构及作用如下：

（1）阳极

阳极是磁控管的主要组成之一，它与阴极一起构成电子与高频电磁场相互作用的空间。在恒定磁场和恒定电场的作用下，电子在此空间内完成能量转换的任务。磁控管的阳极除与普通的二极管的阳极一样收集电子外，还对高频电磁场的振荡频率起着决定性的作用。

磁控管的阳极由许多谐振腔耦合在一起，形成一个复杂的谐振系统。这个系统的谐振腔频率主要决定于每个小谐振腔的谐振频率，我们也可以根据小谐振腔的大小来估计磁控管的工作频段。

磁控管的阳极谐振系统除能产生所需要的电磁振荡外，还能产生不同特性的多种电磁振荡。为使磁控管稳定地工作在所需的模式上，常用隔型带来隔离干扰模式，并且隔型带把阳极翼片一个间隔一个地连接起来，以增加工作模式与相邻干扰模式之间的频率间隔。

此外，由于经能量交换后的电子还具有一定的能量，这些电子打上阳极使阳极温度升高。阳极收集的电子越多(即电流越大)，或电子的能量越大(能量转换率越低)，阳极温度越高，因此，阳极需有良好的散热能力，一般情况下阳极上有冷却水套。

(2) 阴极及其引线

磁控管的阴极即电子的发射体，又是相互作用空间的一个组成部分。阴极的性能对管子的工作特性和寿命影响极大，被视为整个管子的心脏。

阴极的种类很多，性能各异，其中连续波磁控管中常用直热式阴极，它由钨丝或纯钨丝绕成螺旋形状，通电流加热到规定温度后就具有发射电子的能力。这种阴极具有加热时间短、抗电子轰击能力强等优点，在连续波磁控管中得到广泛的应用。

(3) 能量输出器

能量输出器是把相互作用空间中所产生的微波能输送到负载去的装置。能量输出装置的作用是无损耗、无击穿地通过微波，保证管子的真空密封，同时还要做到便于与外部系统相连接。

小功率连续波磁控管大多采用同轴输出，在阳极谐振腔高频磁场最强的地方放置一个耦合环，当穿过环面的磁通量变化时，将在环上产生高频感应电流，从而将高频功率引到环外；大功率连续波磁控管常用轴向能量输出器，输出天线通过极靴孔洞连接到阳极翼片上，天线一般做成条状或圆棒，也可为锥体，且整个天线被输出窗密封。

(4) 磁路系统

磁控管的磁路系统就是产生恒定磁场的装置，磁路系统分永磁和电磁两大类。永磁系统一般用于小功率管，磁钢与管芯牢固合为一体构成所谓包装式；而电磁系统常用于大功率管，管芯和电磁铁配合使用，管芯内有上、下极靴，以固定磁隙的距离。

3.2.1.2 磁控管的工作原理

磁控管通常工作在 π 模，相邻两个谐振腔腔口处微波电场相位正好相差

180°，即微波电场方向正好相反。虽然这种微波场为驻波场，但在 π 模的情况下，相当于两个相同的微波场在圆周上沿相反的方向运动，两个场的相速值相等。

从阴极发射出的电子在正交电磁场作用下做轮摆线运动。调节直流电压和恒定磁场，使电子在圆周方向的平均漂移速度 $v=E/B$ 正好等于在其方向上运动的一个微波场的相速 v(式中 E 是直流电压在互作用空间产生的直流电场平均值，B 为轴向恒定磁感应强度)，电子就可以与微波场做同步运动。在同步运动过程中，处在微波减速场中的那部分电子将自己的直流位能逐渐交给微波场，并向阳极靠拢，最后为阳极所收集，这部分电子向微波场转移能量，有利于在磁控管中建立稳定的微波振荡，故称为有利电子；处在微波加速场的那部分电子从微波场获得能量、并向阴极运动，最后打在阴极上，这部分电子称为不利电子。

最大减速场区是电子的群聚中心，在它两旁的电子都受到向这个群聚中心靠拢的力而向群聚中心运动；最大加速场区是电子的散聚中心，附近的电子都受到背离散聚中心的力，分别向左、右两边运动，转化为有利电子。于是，在振荡建立过程中不利电子越来越少，有利电子越来越多，并向群聚中心集中，逐步在互作用空间形成轮辐状电子云。这种处于不同相位下的电子在相互作用空间自动群聚成轮辐状电子云的现象，称为自动相位聚焦。

在互作用空间的微波场，随着远离阳极表面而指数衰减，因此，在阴极表面的微波场极弱，对电子的群聚作用极小，在阴极附近不会形成明显的电子轮辐，而是形成几乎均匀分布的电子轮辐。磁控管在互作用空间的电子中有利电子占绝大多数，而且均在向阳极运动过程中，有利电子回旋的时间又较长，它们能够充分地将直流位能转换成微波能量；而回到阴极的电子比较少，并且它们从阴极发射后不久就打在阴极上，因而从微波场吸收能量也较少。这样，互作用空间全部电子与微波场相互作用的总的效果是，电子将直流位能交给微波场，在磁控管中建立起稳定的微波振荡。

3.2.2 波导

微波的高频特性决定了微波传输的物理过程和所需的传输器件与常见的低频电流的传输情况大不相同。例如，由于普通的双导线间距离与微波波长的数量级相近，用它来传输微波能量，将引起强烈的微波能量辐射损失。鉴于此，微波在短距离传输时采用与外部有隔离的传输线 z 波导。

波导一般由矩形或圆柱形的空心金属管组成，在波导中的电场和磁场被限制在波导内的空间内，所以没有辐射损耗，甚至介质损耗也可忽略不计。波导中传播的电磁波均为一定形式的电磁场结构，称为波型。波导中波型以有无纵向场分量(z)方向划分为三种类型：

(1) 若 $E_z=0$、$H_z=0$，则电场和磁场都是横向的电磁波，称为横电磁波 TEM 波；

(2) 若 $E_z=0$、$H_z\neq0$，则电场是纯横向的，而磁场是具有纵向分量的电磁波，称为模电波或 TE 波；

(3) 若 $E_z\neq0$、$H_z=0$，则磁场是纯横向的，而电场是具有纵向分量的电磁波，称为横磁波或 TM 波。

在波导中可能传播几种不同的电磁波模式，这些模式是该特定波导的麦克斯韦方程解析解。在矩形波导中，模式标志为TE_{mn}或TM_{mn}，若假定波的传播方向是沿正 z 方向，则整数 m 表示在 x 方向的电场强度或磁场强度的半波数，而 n 表示在 y 方向的电场强度或磁场强度的半波数。由此可见，波导中电磁波的模式，由 m、n 取值不同而各异。

在微波加热装置中，波导不仅用来将微波管产生的微波功率输送到加热器，而且有不少加热器本身就是由一段波导做成，因此，波导中电场和磁场的分布对物质的各种反应具有很大影响，针对不同的研究对象，选择波导中恰当的电场和磁场分布是必要的。

微波在波导中的传输特性可由截止波长、波的速度、波导波长、波阻抗等特性参数来表示。

（1）截止波长

波在波导中能否传播，取决于其波长是否小于波导截止波长，换言之，电磁波在波导中的传播并不是任何情况下均能进行的。截止波长的数学表达式为：

$$\lambda_c = 1 / \sqrt{\left(\frac{m}{2a}\right)^2 + \left(\frac{n}{2b}\right)^2} \tag{3-22}$$

式中　λ_c——截止波长；

a、b——波导宽边和窄边边长；

m、n——TE_{mn}和TM_{mn}中的下标。

从式(3-22)可看出，当矩形波导管的结构尺寸 a、b 一定时，不同的波型(取不同的 m、n 值)就有不同的截止波长。以口径尺寸为(5.8×1.0)cm^2的矩形波导为例，依截止波长的长短顺序，将各波形的截止波长列于表3-3中。

表3-3　(5.8×1.0)cm^2矩形波导截止波长

波　形	截止波长 λ_c/cm	波　形	截止波长 λ_c/cm
TE_{10}	$2a=11.6$	TE_{11}、TM_{11}	$\frac{2ab}{\sqrt{a^2+b^2}}=1.97$
TE_{20}	$a=5.8$		
TE_{30}	$2/3a=3.87$	TE_{11}、TE_{21}	$\frac{2ab}{\sqrt{(2b)^2+a^2}}=1.97$
TE_{01}	$2b=2$		

由表3-3可见，TE_{10}波的截止波长最长，故把TE_{10}模称为主模。当取定了波型之后，波导管的口径尺寸不同，截止波长也不同。波导管的口径尺寸越大，截止波长就越长。

（2）波的速度

波导中波传输的速度称为波速。如果从波的相位传播速度考虑，又可有相速度 v_p 概念，它定义为波形的等相位面沿波导向 z 方向移动的速度，相速度公式为：

$$v_p = v/\sqrt{1-(\lambda/\lambda_c)^2} \tag{3-23}$$

式中　v——波在介质中的传播速度，m/s；

λ——自由空间的波长，m；

λ_c——截止波长，m。

（3）波导波长

按波长定义，波导中某波形的波长应为该波形的相邻两同相位点之间的距离，用 λ_g 表示，因为 $v_p = f\lambda_g$，所以其数学表达式为：

$$\lambda_g = \lambda/\sqrt{1-(\lambda/\lambda_c)^2} \tag{3-24}$$

显然，各波形的波导波长是不同的，矩形波导中 TE_{10} 模的波导波长为：

$$\lambda_{gTE_{10}} = \lambda/\sqrt{1-(\lambda/2a)^2} \tag{3-25}$$

（4）波阻抗

波阻抗是电磁波传输时的又一重要参数，定义为某波形的横向电场与横向磁场的绝对值之比。对于 TM 波，$H_z = 0$，则波阻抗为

$$\eta_E = \frac{\lambda}{\lambda_g}\sqrt{\frac{\mu}{\varepsilon}} \tag{3-26}$$

3.2.3　微波加热器

微波加热器的类型和设计是多种多样的，就微波加热器本身所体现的意义来说，它是一个微波场和物质场相互作用的空间。按工作特性，大致可分为筋型、腔型、波导型、辐射型和慢波型(表面波型)等几种。这些类型都各有特点和应用范围(表 3-4)，必须根据各种被加热物品以及它们的加热要求来选择使用。

表 3-4 中各种类型微波加热器内的功率密度强弱是指在相同的微波能量输入条件下的情况。箱型指的是多模腔，其中的电磁场分布被打乱，场是分散的，所以功率密度弱，在其他各种加热器中，能量分布是按一定规律变化

的，在使用这些加热器时，被加热物品总是放在场强最强处，所以功率密度强。

表 3-4　各种类型加热器的基本特点

加热器类型	分布情况	功率密度	被加热物体	负载特性	加热方式
箱式	分散	弱	大件、块状	差	分批/连续
腔型	集中	强	线状	差	连续
波导型	集中	强	粉状、片状	好	连续
辐射型	集中	强	块状、颗粒状	较好	分批/连续
表面波型	集中	强	片状、薄膜状	较好	连续

设计加热器时，要根据被加热物品的介质特性，即损耗因素 ε''和加热要求(如有限制的加热温度)来确定相应的场强，以及随加热过程、场强应有的变化规律，来设计和选用适当类型的加热器。如对介质损耗因子大的材料(如含水量大的材料)加热时，不需要高的场强；体积大的物体加热时，为让水分较慢地从物体内部扩散出来，不宜用很高的场强。以上这些情况可采用箱式加热器。而介质损耗因子小的材料(如含水量少的材料)或表面积大的材料，在加热过程中因对流和辐射热损失大，则需较强的场强来使被加热物体达到所需的温度，这种情况可用波导型、腔型、辐射型或表面波型加热器。

此外，被加热物品的形状是决定选择加热器类型的重要因素。箱型对大件、块状物体适宜；腔型对线状物体适宜；波导型对加热片状、薄膜(板)状和粉状等物体较适宜；辐射型除了对块状、颗粒状的物体进行加热外，对人体进行微波理疗、热疗或对岩石、混凝土的粉碎也都适用。

3.2.3.1　箱式微波加热器

箱式微波加热器是在微波加热应用中较为广泛的一种加热器，国内外常用于食品烹饪的微波炉，就是一种典型的箱式加热器。该类型加热器的基本结构及设计如下：

（1）箱式加热器的基本结构

腔体用来加热物体，考虑到成本，一般都用铝板做成微波输入系统，并通过波导口输入到腔体内；转盘由低损耗介质板如玻璃陶瓷和塑料等材料做成；搅拌器实质上是一种磁力搅拌器，主要使腔体内电磁场分布被打乱，以达到均匀分布的目的，搅拌器用的电动机用来带动搅拌器；炉门实际是箱体的一边；观察窗由铜丝网隔层做成；排湿孔用来排除加热后产生的水汽。

（2）箱式加热器的设计

箱式加热器的设计主要包括以下三方面：箱式加热器的腔体尺寸、门结构、耦合激励器的位置。设计时要求：加热均匀，微波利用率高，微波泄漏小。

3.2.3.2 隧道式微波加热器

隧道式微波加热器是把几个箱型加热器串接在一起，可对被加热物品进行连续传输加热，它又称为隧道式加热器。该类型加热器的基本结构及设计如下：

（1）隧道式加热器的基本结构

隧道式加热器主要部分由微波加热箱、微波源、能量输送波导、漏能抑制器、排出装置、传输机构等组成。

（2）隧道式加热器的设计

其设计方法与单个箱式加热器的方法相同，但还要注意以下几点：

① 传输带放置的高度与加热效果有关，一般取离底面 $\lambda/4$ 以上，使被加热物品可多次受到微波的辐射，但也要根据加热器的大小适当调节以求最佳加热效果。

② 加热物品的进、出口高度主要依照微波频率、加热物品的厚度以及产量来决定。微波频率为2450MHz，一般取在3cm以下；频率为915MHz，则取8cm以下为好。

③ 进、出口处为防微波泄漏，必须装置微波漏能抑制器和吸收材料。

3.2.3.3　波导型微波加热器

所谓波导型加热器即在波导的一端输入微波，在另一端有吸收剩余能量的水负载，这样使微波能在波导内无反射地传输，成行波场，所以这种加热器又称为行波场加热器。这类加热器是常用加热器，与箱式加热器一样被广泛应用。该类连型微波加热器有开槽波导、组合波导、V 形波导、平板波导、直波导等，各类的结构及设计如下：

（1）直波导加热器

① 直波导加热器的基本结构。直波导加热器是一种由一段直波导组成的加热器，由激励器、主波导、抑制器及传送带所组成。

微波能从激励器进入加热的主波导段向终端传播，在加热过程中逐渐被物料吸收，其剩余部分的能量由终端负载吸收。这种加热器的优点是结构简单、容易制造，但局限的波导尺寸只能加热小物体或窄薄材料，且场强不均匀。

② 直波导加热器的设计。根据这种加热器的结构特点，波导尺寸是标准固定的，设计的要点是确定加热器主波导段的长度，其次考虑到波导两头的漏能抑制。

（2）开槽波导加热器

开槽波导加热器或称曲折波导加热器，利用多段直矩形波导管与矩形波导的弯头连接而成，在直波导的宽边中心开一定宽度的槽作为被加热物料的通道，这里场强最大，被加热物品从槽缝经过，吸收微波功率最多。当微波功率不能全部吸收或当加热物品不是连续时，剩余功率可被终端水负载吸收，这种加热器反射系数小，系统对微波管的影响小，管子的寿命长，由于被加热物品多次经过开槽波导加热，可达到均匀加热的目的。但这种加热器的波导管与波导管之间有加热间隙，因此能量密度稍差，且占地要相对大些，用料也多些。这种加热器适用于对加热的能量密度要求不是很高的情况，并对薄型介质材料如纸张、皮本、布匹、小型颗粒材料等较适用。

（3）组合波导加热器

组合波导加热器具有比一般曲折开槽波导加热器密度集中，电场强度高，加热均匀以及体积小等优点，也是一种常用的微波加热器。它对薄形介质材料进行加热和干燥具有一定的优越性。

这种波导是把曲折波导各一半压缩在上、下两半的平板内组合而成。利用波导管的宽边中心开槽通过传输带作为被加热物品的通道。

(4) 平板波导加热器

平板波导加热器根据被加热物品的宽度把标准直波导的窄边进行展宽，而宽边保持不变。该加热器的微波能由波导过渡弯头传输进入平板波导加热器段，在此平板波导内，能量逐渐被加热品所吸收，剩余能量被终端水负载吸收。

3.2.3.4 辐射型微波加热器

辐射型加热器就是利用微波发生器所产生的微波通过一定的转换装置，再经辐射器(又称照射器、天线等)向外辐射的一种加热器。它的结构比较简单，设计制造也较方便。

微波透热治癌辐射器在国内外已得到广泛应用，因为微波能透入人体组织被吸收并使之发热，例如癌细胞组织很难使热量被血液循环带走，故导致组织温度迅速上升，当达到42℃并保持一定时间时，就会杀伤癌细胞(肿瘤组织)，而与血液循环系统不同的正常组织则因血液循环量大而温度不易上升，所以在同样的微波场的作用下，控制升温到42℃保持必要的时间来杀死癌细胞而不危及正常的组织。

微波透热治癌辐射器的主要部分是微波发生器的电源、微波发生器、微波输出系统及其辐射系统。微波输出用波导同轴转换器、同轴电缆和用作照射的辐射器。

3.2.3.5 表面波型微波加热器

表面波型微波加热器是一种微波沿着导体表面传输的加热器。由于它所传送微波的速度要比在空间传送得慢，故又称为慢波加热器。这种加热器的另一特点为能量集中在电路里很小的区域内传送，这样可得到很强的电场，以提高对某些材料的加热效率。

（1）梯形波导加热器

梯形波导加热器是慢波型(表面波)加热器中的一种，其结构是在矩形波导里设置一个脊，在脊的顶部，周期地开有与波导管轴正交的槽。在这种梯形槽附近得到强电场，场强沿垂直于波导管表面的方向，随离开的距离而快速衰减。

（2）螺旋线加热器

这种加热器也是一种慢波型电路，微波沿螺旋线成螺旋形前进，减慢了轴向速度，提高了电场强度。加热方法是将线状或圆柱体物品在螺旋线的轴心通过，微波对其进行能量交换而加热。螺旋线是用一定直径的铜管绕成一定规格的螺旋线，螺旋线的一端与输入T形接头耦合，输入微波能，另一端与输出T形接头耦合，使剩余能量送到水负载。螺旋线套到石英管子里，被加热物品由传输带通过螺旋线即可加热。

参　考　文　献

[1] 金钦汉. 微波化学[M]. 北京：科学出版社，1999.

[2] 赵家升. 电磁场与波[M]. 成都：电子科技大学出版社，1997.

[3] 周希朗. 电磁场理论与微波技术基础[M]. 南京：东南大学出版社，2010.

[4] 孙目珍. 电介质物理基础[M]. 广州：华南理工大学出版社，2000.

[5] 李景德. 电介质材料物理和应用[M]. 广州：中山大学出版社，1992.

[6] 李翰如. 电介质物理导论[M]. 成都：成都科技大学出版社，1990.

[7] 殷之文. 电介质物理学[M]. 北京：科学出版社，2003.

[8] 赵孔双. 介质谱方法及应用[M]. 北京：化学工业出版社，2008.

[9] 彭金辉. 微波能技术新应用[M]. 昆明：云南科技出版社，1997.

[10] 钱鸿森. 微波加热技术及应用[M]. 哈尔滨：黑龙江科学技术出版社，1985.

[11] 蒋华义. 微波能在石油工业中的应用[M]. 北京：中国石化出版社，2017.

第4章　微波辐射对高黏原油流动性的影响研究

4.1　微波处理高黏原油技术的研究现状

微波是指包括频率范围为300MHz～3000GHz的电磁波，其波长范围为0.1mm～1m。

人们在第二次世界大战期间成功使用雷达系统，微波电磁场的能量被用于加热材料始于1946年。1952年第一台家用微波炉投入市场[1]。1959年在瑞士日内瓦通过的国际无线电通信规则建议在工业加热设备中使用以下频率：(915±25)MHz和(2450±13)MHz，其中最常用的频率是2450MHz。在20世纪60年代至80年代，利用微波电磁场进行加热的应用已经发展出一个新的方向——微波介电加热(微波电热法)[2]。用于处理介电材料的微波系统包括微波源(磁控管)、向样品传输功率的设备(波导)以及加热控制系统[1]。微波电热法与传统加热技术相比的优势在于它是一种体积环保的加热方式，不仅具有微波能量到热能的高转换系数，而且具有选择性。

对于介电加热，传热、对流和辐射等传统现象在被处理介质的热平衡中具有重要性。

如果材料的微波加热与感应偶极子方向或永久偶极子方向的变化有关，以对变化的施加微波电磁场的反应形式出现，则它可能会非常有效。使用复合介电常数的概念来研究导致其加热的交流电介质的特性如下：

$$\varepsilon=\varepsilon'-j\varepsilon'' \tag{4-1}$$

式中　ε——复合介电常数；

ε'——介电常数的实部；

ε''——介电常数的虚部。

介电损耗的特征在于介电损耗角的正切，即 $\tan\delta=\frac{\varepsilon''}{\varepsilon'}$。复合介电常数的实部 ε'决定了电场对材料的渗透能力(其极化能力)，其虚部 ε''表征了材料吸收给定频率辐射并转换成热的能力。

为了实现电介质的最佳微波加热，必须确保被处理材料的复数介电常数的实部值的平衡组合，以便电磁波穿透到其中的深度足够大，并且避免由于虚部的最大值而造成的巨大损耗。

当前有两种主要机理解释物质将微波场转化为热能的过程：

(1) 由于极化过程中的介电损耗而释放的热量；

(2) 在物质中感应电流流动期间释放焦耳热。

与存在自由电荷的电导体不同，在电介质中电荷是由分子内力约束的。在电磁场的影响下，电介质原子和分子的电荷会受到机械力的作用，由此产生极化即电荷的位移，在电场方向上为正，反之为负。在交流电磁场中，电介质中的极化在一个方向上发生，也在另一个方向上发生。这种材料带电粒子连续位移的电流，称为位移电流。由于这些粒子彼此之间受分子力的束缚，当它们产生位移时会发生摩擦，从而导致电介质发热[3]。应当指出的是，与焦耳损耗不同，介电损耗与频率有关并且不能出现在静态场中[1、4]。

半导体既具有电介质的特性，又具有电流导体的特性。它们具有一定量的自由电荷(例如电子或离子)，这些自由电荷在电磁场的作用下会产生定向运动，从而形成所谓的传导电流，同时极化发生在半导体中。因此在交流场中，随着位移电流在半导体中会产生传导电流，这会导致额外的功率吸收[3]。应该强调的是，电子传导可以在类金属材料和半导体的微波加热中起关键作用。由于电子传导而加热物质的效率与所施加电磁场的频率关系不大。

旋转极化不是高频电磁场中唯一的介电损耗机理。存在由于导电夹杂物引起的损耗、界面处的损耗等。但是所有这些介电损耗都可以用术语 ε''来描述。

微波处理有效的另一个先决条件是被处理材料的高导热率，这意味着介质的被处理体积中的热量快速消散。

使用微波技术进行加热与传统的将热能传递给材料的基于对流、热传导或辐射的一种或多种传热方法完全不同。在所有这三种情况下，能量均分布在材料的表面上，由此可见温度梯度指向材料的内部。同时在材料表面上具有最高温度。

与传统技术相比，微波辐射加热的主要优点是[5-12]：

(1) 选择性加热。在电介质的多组分混合物中，只有电介质损耗 $\tan\delta$ 高的那些部分才会被加热。

(2) 体积加热。热量分布在材料的整个体积中，而不管其导热系数如何。

(3) 高加热速率。

(4) 由于没有燃料燃烧产物，因此是环保技术。

(5) 通过更改微波辐射位置的几何形状来控制温度场的分布。

(6) 清洁加热。由于非接触加热，可以保持被加工材料的高纯度。

(7) 快速控制。微波辐射的功率可以立即改变，从而可以在自动化系统中使用。

(8) 微波能量到热能的高转换系数。

(9) 安全和无害。微波能量通过封闭的波导传输到金属制成的谐振器。现代的控制方法可以在国家安全标准的范围内严格控制微波泄漏。

近年来出现了高频电磁场的另一个应用方向，其不仅以热效应为特征，而且还以“非热”效应为特征，并导致微波加热过程的速率增加[13、14]。

在由具有不同介电特性的相组成的材料中，当施加电磁场时可能会在相边界处产生电荷。自由电荷在界面处的沉积导致电场失真的过程称为表面间极化或体积极化。在低频下由于极化与电场同相，因此表面电荷有时间完全形成并且介电损耗很小。在高频下介电损耗也很小，因为表面极化没有时间在半周期内建立。在中频区域介电损耗很大，因为半周期与表面极化的弛豫时间相当，这种极化导致弛豫型损耗，但是尚不能定量评价这种效果对微波作用下发生的固相和液相反应过程的作用大小。不过已经提出，微波作用的所谓“非热”效应，包括微波辐射过程中速率的增加，与表面极化有关。

20世纪末基于电磁辐射对产品的影响，热加工工艺得到了积极发展。目前在许多工业行业中，产品的加热和热处理是主要技术工艺之一。在工业生产中微波技术被用于食品工业(由于加工材料中存在水分而被广泛使用)、农业、陶瓷制造、聚合物加工、介电材料干燥、岩石软化、土壤固化、石油化工、从采矿废料中提取有价值的成分等[1]。

但是应该指出的是，微波处理在食品工业中的广泛应用与其中的水含量高有关，微波辐射对其影响非常有效。微波场可以在其他环境中同样能够成功使用的观点是错误的，使用该技术需要根据所处理材料的类型来选择辐射的参数。

另外，目前微波技术的应用受到以下情况的制约：首先，对于固体和液体，不可能仅通过计算来找到$\tan\delta$、ε'和ε''的值；其次，微波辐射与物质相互作用的理论还没有达到这样的程度，即可以预先预测电介质对电磁场的显著吸收。这需要进行实验研究，微波辐射对各种物体的影响[13]。

在石油工业中，微波电热法用于破坏油水乳状液；清洗泵-压缩机管道的胶质沥青质石蜡沉积物；提高天然沥青的采油率；从油泥和砂岩等中提取原油。1969年微波首次应用到高黏原油油田的开发领域，美国在得克萨斯州进行了测试，由于这项创新，原油产量从每天1bbl增加到20bbl[15]。

对于油气储运工程领域，微波加热由于其广泛的应用而有很好的前景[16]。

第一类微波技术旨在提高高黏原油制备的质量：

(1) 降低原油的黏度；

(2) 油脱水。

第二类微波技术旨在处理废物以从中提取原油，即加热分离原油：

(1) 从油泥；

(2) 从砂岩；

(3) 从沥青。

第三类微波技术可以恢复原油生产、运输和储存中使用技术设备的可操作性，其中包括：

(1) 熔化泵和管道中的胶质沥青质石蜡沉积物；

(2) 熔化在油罐壁和罐车壁上的原油沉积物。

微波加热铁路油罐内腔的应用就是从其中去除凝固的原油产品[17]。

第四类微波技术在石油的运输和存储中应用在测量技术上：

(1) 测量油罐中的原油和水的液位；

(2) 测量平均体积温度。

在原油分散体系中，胶质沥青质的大分子和金属卟啉配合物具有极性。在胶质沥青质的组分中，电子密度重新分布和出现局部介电力矩的原因是其分子的多芳族碎片和杂原子(氧、硫、氮、钒、镍等)。电偶极矩在矢量上进行求和，从而形成大分子和复杂结构单元(簇)的合成偶极矩[18]。高黏原油纳米颗粒的物理聚集，除了提高其温度和液相的溶解能力之外，还可以使用例如电场和磁场来控制。

对于具有高沥青质含量的稠油，当前关于微波电热法增加其流动性的作用机理有两种观点。

第一种观点认为高黏原油黏度下降主要是由于微波加热。

王颖及其研究小组[19]进行了大量经微波辐射处理降低高黏原油黏度的实验。他在微波辐射加工的高黏原油中检测到胶质和沥青质的热解温度(热分解)出现“热点”(局部过热部位)，从而降低了它们的含量并导致稠油黏度降低。

Bosisio R. G. [20]进行了利用微波辐射以2450MHz的频率和100W的功率从砂岩样品中提取沥青质的室内实验，实验还产生了少量的含有CO_2、CO、H_2、CH_4、C_2H_6的气体。分析所得沥青质的组成后，发现其相对分子质量的平均值低于使用标准方法分离的沥青质的相对分子质量的平均值。分析认为在微波辐射的作用下，砂岩样品的温度达到了300~500℃，对沥青质进行了热处理，形成了轻质的油气。

Balint V.[21]进行了类似的室内实验，结果表明高黏原油有助于微波加热，其各个成分的含量都会发生变化。

第二类观点认为微波加热后高黏原油黏度降低是微波的热效应和非热效应共同作用的结果。

研究结果表明，微波辐射的热效应和“非热效应”同样影响过程，从而导致稠油流动性的上升[22]。当微波电磁场作用时，胶质和沥青质由于其局部体积过热超过热裂解温度而分解。研究人员认为超高频振动非热效应的影响在于在较低温度下，由于裂解分子链的活化能降低，导致原油体系中高分子化合物的破坏。这些平行的裂化反应降低了胶质、沥青质和长链烷烃的浓度，并增加了油中低相对分子质量化合物的含量，最终降低了油的黏度。

通过微波辐射从油页岩中提取高黏度油的实验结果证明了“非热”裂解的可能性[23]。在实验中，微波辐射的频率为2450MHz，功率为300W。实验温度未达到100℃，即不可能进行热裂解反应。结果获得了低黏度的油并且释放了包含 CO_2、CO、H_2、CH_4、C_2H_6的气体。

D. D. Tanner[24、25、26]研究了在微波辐射的影响下长链烷烃的饱和碳—碳键断裂的反应。结果表明在室温下，碳—碳键可以在微波场的作用下被选择性破坏。

微波电磁场的非热效应与其高频相关。微波辐射会导致极性分子发生旋转运动。当电磁场的振荡频率接近该旋转频率时，就可以为共振和剪切应力的出现创造条件，这会导致分子键的破坏以及低相对分子质量化合物的产生[27、28]。

微波(2450MHz)比超声波的振动具有更多的能量，因此具备研究使用微波电磁场控制高黏原油流动性的可能性。高黏原油是介电常数通常为2~4的弱极性物质，因此可以通过使用所谓的混合加热方案来提高原油系统的微波电热效率，这意味着在存在会积累电磁场能量的添加剂的情况下进行微波辐射。微波混合加热将具有良好吸收微波辐射能力的其他物体引入原油系统中，那些具有高电介质损耗的部分将被加热，其热量会转移到弱吸收微波辐射的待处理原油中[29]。但是应该指出的是，关于微波混合加热方案对高黏原油流动性影响的研究尚处于起步阶段。

D. D. Tanner 和 C. Jackson[30] 在向其中添加了各种添加剂后，研究了6100MHz 和 6700MHz 微波对高黏原油的影响。发现黏度降低的程度取决于微波振荡的频率（在 6700MHz 下微波的作用影响高于在 6100MHz 下微波的作用）。他比较了在微波辐射下使用不同添加剂组合降低高黏原油黏度的效果，但从化学角度来看，他们的研究分析并不深入。

4.2　微波辐射对高黏原油流动性的影响研究方法

用于高黏原油的介电加热的装置包括以下设备：微波发生器、波导、带有所研究的高黏原油样品的谐振器、加热控制单元(控制器)、水冷却以及来自谐振器的气体排放物回收系统(图4-1)。

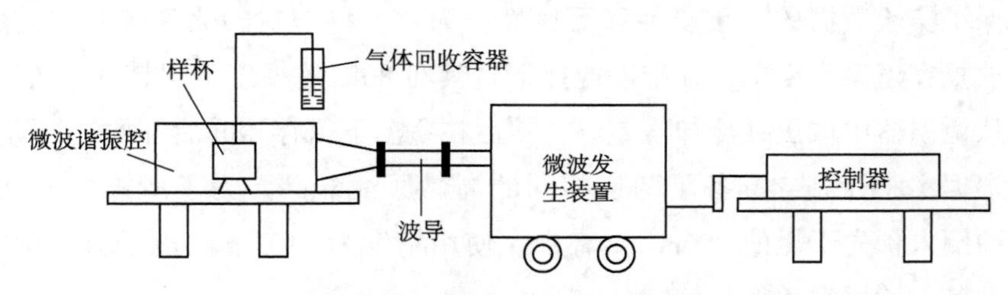

图4-1　处理高黏原油样品的微波电磁场的设备方案

使用可编程发射器作为微波电磁场的来源，其功率为5kW，固定工作频率为(2450±13)MHz，波长约为12.6cm，该微波源被广泛用于化学合成、非均相催化、表面处理等研究。确定辐射频率时要遵守国际协议，以免干扰雷达和其他使用微波的设备的运行。

磁控管产生微波辐射，并将其传输到工作空间(谐振器)。在这种情况下，被处理物质吸收的能量取决于样品的大小及其介电特性。

使用反射材料金属薄板制成的波导传输磁控管产生的微波辐射到谐振器。当能量从一种介质传递到另一种介质时，使用环形器(所谓的法拉第去耦)来匹配波连接耦合，并提供所需的微波发生器输出功率。环形器以这样一种方式连接在发生器和负载之间，即波能以低损耗通过它，并且吸收了负载反射和沿相反方向传播的波。

为了确保均匀处理油样，使用了平行六面体谐振器。为了完全屏蔽微波能量，使用了吸收性材料(例如橡胶)，该吸收性材料放置在谐振腔金属部分和波导之间的缝隙中，该缝隙无法通过焊接连接。

为了防止通过用于从谐振器排放气态物质的孔的辐射，使用了内径为

18mm、长度为1m的金属管。这样的管是超临界波导，并且实际上不传输微波能量。

目前，标准规定人员工作场所允许的微波功率密度不超过25×10^6kW/cm^2。杂散辐射对眼睛尤其危险，因此该装置使用了一个保护性的谐振器防护门和一个水吸收负载，如果维护得当可以保证完全屏蔽[17]。

高黏原油的微波电热法按以下顺序进行。

对所研究油的样品进行了初步准备以消除它们的“热”和“机械”记忆，从而确保了实验数据的可重复性和可比性。为此，将密封的化学容器中的原油样品放置在恒温水浴中，在定期搅拌下将其在80℃的温度下保持2h。然后将样品从恒温器中取出并冷却至室温，然后在室温下保存48h后开始进行研究。

根据实验计划，准备了两份相同的高黏原油样品。为了所需的原油量，将原油倒入预先干燥的250mL烧杯中。使用精度为$\pm10^{-4}$g的电子天平确定烧杯和准备好的样品质量。

然后打开磁控管和环形器的冷却系统，并设置所需的水流量。

将准备好的样品之一放在谐振器的中心，打开微波辐射源，并根据实验计划调整其输出功率。设置好微波设备后，关闭发生器，并取出第一个油样。谐振器的防护门保持打开状态一段时间以使其通风。然后将第二个样品放在谐振器中。

再次打开微波源并处理油样。在加热过程中，监测水冷却系统的运行参数以及入射波功率值。如有必要，可以调整此功率的设定值。用秒表测量高黏原油样品的处理时间。

实验完成后，将样品从谐振器中取出，并立即测量原油样品的温度。测试报告记录微波辐射的入射功率、持续时间和微波作用后油样温度的值。实验程序完成后，关闭微波发生器的电源和设备冷却系统。

将以上述方式制备的原油样品冷却至室温。之后进入下一步研究——确定其流动性。

非牛顿流体的常见结构特征是存在尺寸比流体分子大得多的流动单元。因此，黏性液体被认为是连续的分散介质，任何颗粒都被认为是分散相。这些粒子彼此相互作用以形成一些聚集体，即系统变得结构化。

如果聚集体的大小在恒定的剪切速率下随时间变化，则该系统被认为是触变性的[31]。

由 V. N. Matveenko 和 E. A. Kirsanov[32] 提出的结构化系统（悬浮液、乳化液、胶束溶液等）运动的新概念，其基础是在流体动力相互作用的条件下在聚集体和单个颗粒周围流动时黏性摩擦能量的耗散，以及可能由于剪切流的破坏和颗粒和聚集体碰撞结合的结果。因此，以上的学者们支持由П. А. Ребиндера 提出的由于剪切速率增加而逐渐破坏系统结构导致黏度降低的观点。

有效黏度是结构破坏与恢复之间的平衡结果，因此，为了描述两相分散体的动态状态，在平衡和各向同性破坏的条件下，确定其与凝聚-触变结构机械作用强度的关系式即可。

根据牛顿方程式针对给定剪切速率计算确定有效黏度的值。

根据目前公认的非牛顿流体类型的分类，正在研究的高黏原油属于在剪切率任意低的值下流动的液体，它们还表现出剪切液化的特性，这种流体称为假塑性流体[32、33]。

为了建立分散系统结构和黏度之间的关系，进行实验研究。

当前在研究非牛顿原油的流动性时，最经常使用的是具有同轴圆柱体形式测量系统的旋转黏度计，将液体放置在它们之间的间隙中。此外，在测量期间，设定剪切速率并确定在这种情况下获得的剪切应力。这种设备称为剪切速率受控流变仪或 CR-流变仪[34]。

旋转黏度计的优点包括[13]：

（1）确保应力场的高度均匀性，从而可以直接测量真实流动曲线的参数；

（2）触变结构具有长期形变作用的可能性；

（3）研究时使用少量液体（20~50mL）。

旋转式黏度计可以在相对较窄的剪切速率变化范围内进行研究，因为在高剪切速率下所研究液体的温度由于能量耗散而升高。旋转黏度计的设计应预见到对黏度计外筒液体的恒温调节。用于保持测试油样品温度恒定的恒温装置必须确保所需温度的稳定，偏差不超过±0.5℃。

确定所研究的高黏原油在微波电磁场作用之前和之后的有效黏度所使用

的设备包括带适配器的 NDJ-5S 旋转黏度计和 HWY-10 恒温器，其工作温度范围为-20~+130℃。其精度为±0.05℃。NDJ-5S 流变仪和恒温器的一般操作准备工作均按照该设备的使用说明书进行。

旋转黏度计 NDJ-5S 属于基于 Searle 原理的 CR-流变仪，也就是说其内部圆筒(转子)旋转，而外部恒温圆筒则固定[34]。NDJ-5S 黏度计允许在很宽的黏度范围($10\sim10^5$mPa·s)中进行测量，误差为±1%。为此，其套件包括四个转子(1#、2#、3#、4#)。可以在内筒转速的四个值(6r/min、12r/min、30r/min、60r/min)时进行测量。

该设备具有选择转速的功能。如果未知油样的黏度，则需要选择一个转子，装入流变仪并打开它，然后流变仪会自动找到实验所需的转子速度(剪切速率)。使用 2#转子以 1.2s^{-1}的剪切速率测量高黏原油样品的黏度。流变仪的填充量为 50mL。

按以下顺序通过 Brookfield 方法测量高黏原油的有效黏度[35]。

在相同的流变仪充注量下，在同一区域内的多个温度下测量高黏原油的黏度。

如果所研究的原油样品在实验室室内空气温度时处于凝固状态或接近凝固状态，则将其加热至倾点以上 5~10℃，充分混合并通过体积法测量所需的黏度计填充量。

实验从较高的温度开始，依次进行至较低的值。在这样进行的实验中，所研究的原油样品不进行二次加热。当达到测试程序规定的最高温度后，油样在设备中保存 1h。当在原油为牛顿液体的温度范围内进行测试时，将样品恒温 30min。在这种情况下设备的转子保持静止。当从一个温度值过渡到另一个温度值时，对同轴圆筒中的油位进行了视觉监控，防止它掉落在它们之间的缝隙中。在从一个温度值过渡到另一个温度值的过程中，流变仪中的原油冷却速度为 10~20℃/h。在流变仪中对油样进行恒温的时间到期后，在选定的转子速度下开始其形变作用，直到获得原油系统结构破坏的平衡状态为止。

结构平衡破坏的实现是根据有效黏度的最后三个测量值来估计的。在这种情况下，每隔 5min 测量一次与算术平均值之间的差异应不超过标准值 $K=0.04$(4%)，即必须满足以下条件[35]：

$$\frac{|\eta_1-\eta_{pj}|}{\eta_1}\leqslant 0.04\cap\frac{|\eta_2-\eta_{pj}|}{\eta_2}\leqslant 0.04\cap\frac{|\eta_3-\eta_{pj}|}{\eta_3}\leqslant 0.04 \tag{4-2}$$

式中　　η_i——有效黏度($i=1$、2、3)，Pa·s；

$\eta_{pj}=\frac{\eta_1+\eta_2+\eta_3}{3}$——有效黏度的平均值，Pa·s。

在第一个温度下完成工作后，设置下一个(较低)值并重复上述所有操作。如果测试程序包含一系列需要的操作时间超过工作时间的温度值，则在实验完成后，将充满原油的流变仪放置到第二天。第二天继续进行测试，首先将油温升至上一个实验的温度，然后变形直至达到恒定的有效黏度值。然后停止设备，并根据计划的程序继续进行测试。实验结果以表格和图形形式记录。

4.3 微波辐射对高黏原油流变特性的影响

为了研究微波作用对商品高黏原油流动性的影响，采用了具有代表性的四个油田的高黏原油：胜利油田、吐哈油田、大港油田和辽河油田。

这些原油的组分是基于 Gilson MPLC 的 SARA 实验室方法研究的[36,37]。该色谱技术专为分析稠油和残留物而开发，可根据其溶解度和极性鉴定出 4 个主要组分组：

（1）饱和烃(Saturated)；

（2）芳香烃(Aromatic)；

（3）胶质，包括前一组的高相对分子质量异构体(Resins)；

（4）沥青质——最高相对分子质量的杂原子化合物(Asphlatenes)。

采用各组名称的首字母为该方法命名——SARA。

在该方法中，通过添加正构烷烃(例如正戊烷或丙烷)将沥青质与其他烃组分分离，然后，通过中压液相色谱法将剩下的成分分离为三部分：饱和烃、芳烃和胶质。

该技术可分离最多 100mg 的提取物。所得的馏分将来可用于任何其他分析。所得组分的纯度大于 98%。表 4-1 中列出了所研究稠油的成分组成。

表 4-1 所研究高黏原油的成分组成

原油	密度/(kg/m^3)	组分				沥青质不稳定指数 *CII*
		饱和烃/%	芳香烃/%	胶质/%	沥青质/%	
大港	895.4	33.3	40.8	14.8	11.1	0.80
辽河	907.9	24.8	31.8	21.0	22.9	0.91
胜利	951.7	19.2	32.8	22.6	25.4	0.81
吐哈	956.0	28.3	23.6	19.7	28.4	1.31

使用 SARA 分析的结果，可以根据原油在自身中保留沥青烯而不发生聚

集(絮凝)和沉淀的能力来评估原油。在这种情况下，聚集是溶于原油沥青质中的胶质颗粒的组合，形成可见的团块，这些团块可以(但不一定)沉淀。

原油的沥青质不稳定指数 *CII* 是对该特性的定量评估，它由以下公式确定[38]：

$$CII=\frac{\text{饱和烃}(\%)+\text{沥青质}(\%)}{\text{芳香烃}(\%)+\text{胶质}(\%)}$$

在确定 *CII* 指数的公式中，分子中包括促进沥青质聚集的因素(沥青质和石蜡烃的浓度)，而分母中包括那些能防止这种现象的物质(溶剂的浓度、芳香烃和胶质的浓度、稳定沥青质的溶剂化壳层浓度)。一般认为，如果 $CII>0.9$，则原油是不稳定的[38]。由此可见，辽河油田($CII=0.91$)和吐哈油田($CII=1.31$)的原油对沥青质而言是不稳定的，并且这些高分子化合物的聚集是可能的(表4-1)。

为了开发通过微波辐射加热来改善稠油流动性的技术，研究了微波辐射功率及其持续时间等参数对其黏度的影响。

为了确定微波辐射功率对所选原油的影响，在傅里叶光谱仪上测量并比较了辽河油田原油的红外光谱。

红外光谱法是一种普遍的方法，目前普遍采用这种方法对原油的成分进行综合研究。这种方法使人们能够研究各种有机化合物的结构特征。它基于红外辐射能量穿过物质时的吸收、反射和色散[39]。

辽河油田高黏原油样品在微波辐射处理之前和之后在 $1680\sim1536\text{cm}^{-1}$ 和 $1401\sim1320\text{cm}^{-1}$ 吸收带范围内的红外光谱示例如图4-2所示。选择的吸收带分别表征了石蜡烃中芳香族结构(C═C键)和甲基(—CH_3—)的存在。

表4-2中显示了在微波电磁场处理之前和之后原油在红外光谱范围内的吸收峰面积比值取决于其功率。

表4-2是在各种功率的微波电磁场作用之前和之后在 $1680\sim1536\text{cm}^{-1}$ 和 $1401\sim1320\text{cm}^{-1}$ 吸收带范围内的辽河油田原油红外光谱的比较结果(辐射持续时间60s，a 为两个吸收峰面积的比值，a_1 和 a_2 分别为作用前、后的比值)。

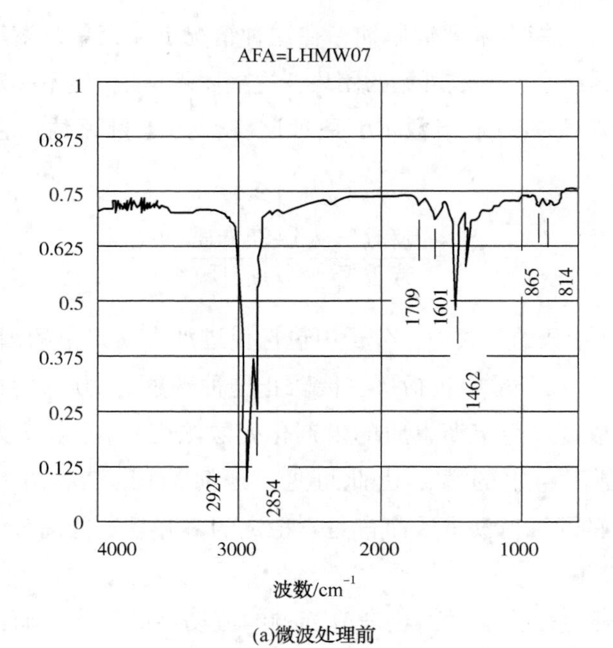

(a)微波处理前

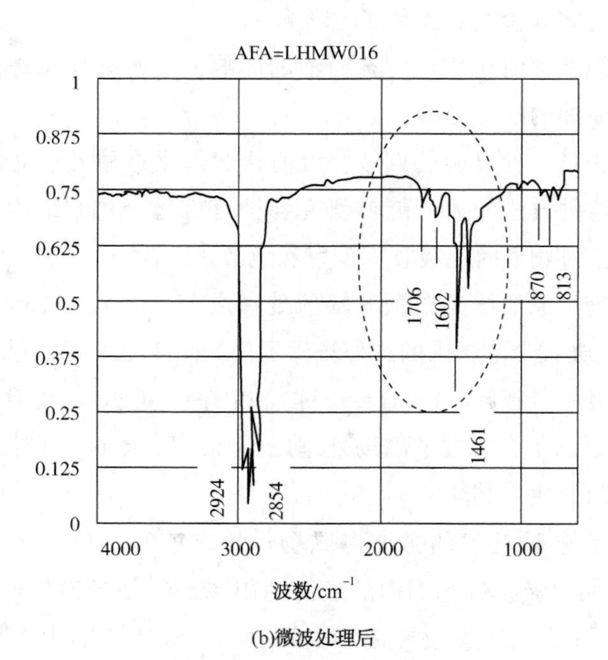

(b)微波处理后

图 4-2　微波处理之前和之后辽河油田高黏原油油样的红外光谱(圈出 C═C 键高峰)

表 4-2　辽河油田原油红外光谱的比接结果

微波功率/kW	$a=\frac{S_{1680\sim1536\text{cm}^{-1}}}{S_{1401\sim1320\text{cm}^{-1}}}$		$\left(\frac{a_2}{a_1}-1\right)\times100\%$
	初始原油 a_1	微波处理后 a_2	
1	0.589	0.618	4.92
2		0.625	6.11
3		0.620	5.26
4		0.623	5.80
5		0.624	5.97

可以确定在微波电磁场处理后稠油的脂肪族增加。进一步的实验，将微波电磁场的功率设为2kW，因为该功率对应于辐射对研究高黏原油中成分的最大影响。图4-3显示了在不同微波辐射时间下获得的辽河油田油样的黏温图。

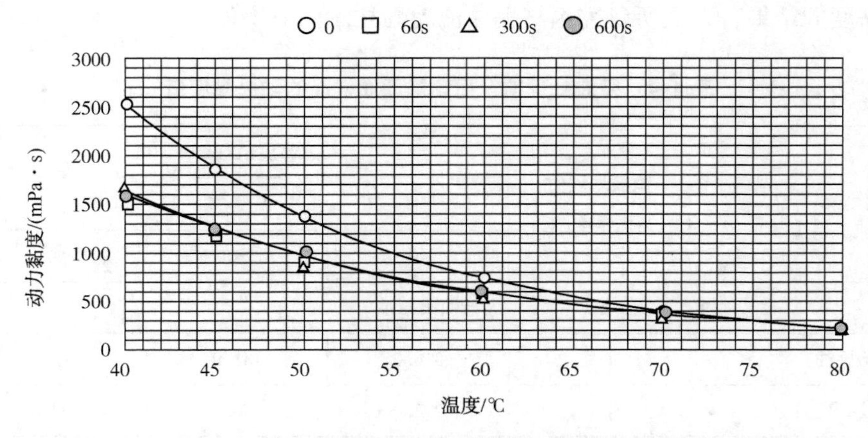

图4-3　辽河油田原油动态黏度系数与微波辐射温度和持续时间的关系

从图4-3可以看出，黏度的降低对应于微波辐射在2kW功率下持续60s的效果。用微波电磁场处理持续时间的增加不会导致黏度的降低。

以下是所选稠油在微波电磁场中以 $W=2\text{kW}$ 的功率处理60s后流变学研究的结果。

根据标准 SY/T 0541—2009《原油凝点测定法》确定的高黏原油微波处理前后的倾点值如表 4-3 所示。

表 4-3　微波处理后高黏原油的倾点变化

处理方法	油田			
	吐哈	辽河	大港	胜利
	倾点/℃			
初始原油	1	14	16	18
微波处理后	-2	12	13	14
倾点下降	3	2	3	4

由此可见，微波电磁场稍微降低了高黏原油的倾点。

在泵送这些稠油的温度范围内，即在其中存在“液体状”结构的条件下，进行了流变学研究。表 4-4 显示了测量被研究原油在微波辐射作用之前和之后黏度的结果，以及所研究提高稠油流动性技术的效率值。

表 4-4　微波处理前、后高黏原油样品的动力黏度值

样品	微波处理后油样温度/℃	动力黏度值/(mPa·s)		
		温度/℃		
		40	50	60
大港油田原油				
初始原油	—	316.0	185.0	112.0
微波处理后	39	272.0	170.0	108.0
微波处理效果/%	—	13.9	8.1	3.6
胜利油田原油				
初始原油	—	2796.0	1548.0	860.0
微波处理后	46	2392.0	1339.0	750.0
微波处理效果/%	—	14.4	13.5	12.8

续表

样　品	微波处理后油样温度/℃	动力黏度值/(mPa·s)		
		温度/℃		
		40	50	60
辽河油田原油				
初始原油	—	2530.0	1366.0	738.0
微波处理后	44	1492.0	925.0	574.0
微波处理效果/%	—	41.0	32.3	22.3
吐哈油田原油				
初始原油	—	4713.0	2428.0	1253.0
微波处理后	54	2981.0	1715.0	934.0
微波处理效果/%	—	36.7	29.4	25.5

效率是根据公式(4-3)通过微波辐射处理后原油的动态黏度系数相对降低计算得到的：

$$\varphi_i = \left(1 - \frac{\mu_i}{\mu_{0i}}\right) \cdot 100\% \tag{4-3}$$

式中　μ_i、μ_{0i}——当温度为 t_i 时用微波电磁场处理过的原油黏度和初始原油黏度，Pa·s。

应当指出，在相同条件下微波处理高黏原油，其样品流动性的增加程度不同。在40℃的温度下，微波处理来自大港油田和胜利油田原油的效率约为14%，来自吐哈油田和辽河油田原油的效率约为40%。

正在研究的技术效率与初始原油的沥青质不稳定性指数值 *CII* 有关。稳定原油(*CII*<0.9)较不易受到微波电磁场的处理，因为它们的沥青质分子比不稳定原油的沥青质分子极性低[40]。

4.4　微波辐射过程中高黏原油中温度分布

当微波电磁场作用时，很难对稠油体积中的平均温度和局部温度分布进行实验验证，因为由于介质的不均匀性，这些温度与宏观电磁场没有直接关系。此外，不可能将温度传感器放置在被研究介质的小区域内，而且该传感器还会引起电磁场的失真。

可以使用原油中连续相和分散相中温度分布的适当模型来研究微波场介电加热对稠油流动性的作用机理。因此建立了稠油的物理模型，该模型由在其体积上均匀分布的分散相颗粒和周围的碳氢化合物液体组成，然后建立了微波电磁场进行原油加工过程的热力学模型。

4.4.1　高黏原油的物理模型

微波辐射对介电材料的热效应归因于介电损耗。在稠油是缔合性纳米胶体的情况下，微波电磁振荡能量的吸收是通过分布中心发生的，分布中心包括具有较大复合介电常数虚部的原油介质的成分，即沥青质。

让我们使用边长为 R 的立方三维网格分解原油系统(图 4-4)[41]。假设分散相的粒子位于该立方体的中心，因此，粒子中心之间的距离也是 R。

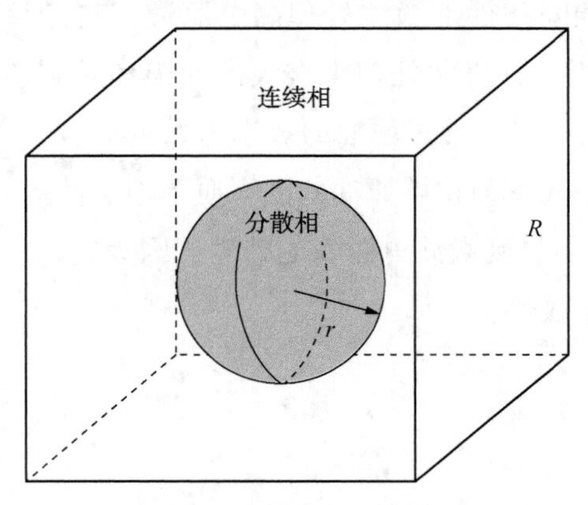

图 4-4　高黏原油中微元体的示意图

那么高黏原油微元体中分散相球形颗粒的体积 V_1 将等于：

$$V_1=\frac{4}{3}\pi r^3 \tag{4-4}$$

式中　r——分散相的球形颗粒的半径。

分散相颗粒的表面积等于：

$$S=4\pi r^2 \tag{4-5}$$

确定微元体中分散相的体积浓度：

$$f=\frac{V_1}{R^3} \tag{4-6}$$

式中　f——微元体中分散相的体积浓度,%。

由于分散相颗粒的体积为 R^3，因此：

$$R=\sqrt[3]{\frac{V_1}{f}}=\sqrt[3]{\frac{4\pi}{3f}}r \tag{4-7}$$

因此，微元体中连续介质的体积 V_2 将等于：

$$V_2=R^3-V_1=\frac{4}{3f}\pi r^3-\frac{4}{3}\pi r^3=\left(\frac{1-f}{f}\right)\cdot V_1 \tag{4-8}$$

研究高黏原油模型中微元体的电气特性。

分散的固体颗粒与均匀的分散介质一起构成了夹杂第二种电介质元素的介电基质，其中第二种电介质元素彼此不接触。然后计算确定基质混合物的介电常数。

如果将具有介电常数 ε'_1 的球形夹杂物分布在具有介电常数 ε'_2 的分散介质的整个体积上，则可以通过 Maxwell-Wagner 公式[42]确定基质混合物的介电常数 ε_{eff}：

$$\varepsilon_{\text{eff}}=\varepsilon'_2\frac{2\varepsilon'_2+\varepsilon'_1+2f(\varepsilon'_1-\varepsilon'_2)}{2\varepsilon'_2+\varepsilon'_1-f(\varepsilon'_1-\varepsilon'_2)} \tag{4-9}$$

$$f=\vartheta_1\frac{\rho_1}{\rho_2} \tag{4-10}$$

式中　ε_{eff}——基质混合物的介电常数；

ε_1'——沥青质的介电常数；

ε_2'——脱沥青原油的介电常数；

f——沥青质的体积浓度；

ϑ_1——沥青质的质量浓度；

ρ_1——沥青质的密度；

ρ_2——脱沥青原油的密度。

在没有电流传导的情况下，微波场的平均强度 E 与连续相的电场强度 E_2 之间的关系由公式[43]（4-11）描述：

$$E_2=\frac{\varepsilon_{\text{eff}}}{\varepsilon_2'}E \tag{4-11}$$

式中　E——微波电磁场的平均强度；

E_2——脱沥青原油中的电场强度。

分散相颗粒中的电场强度 E_1 与连续相中的电场强度 E_2 之间的关系可以由表达式[44、45]确定：

$$E_1=\frac{3\varepsilon_2'}{2\varepsilon_2'+\varepsilon_1'}E_2 \tag{4-12}$$

式中　E_1——分散相中的电场强度。

4.4.2　高黏原油的热力学模型

在基于高黏原油的物理模型开发热力学模型时，要进行以下假设[46、47]：

（1）分散相的颗粒具有球形形状和相同的尺寸，它们均匀分布在整个原油体积中；

（2）分散相的每个微元体内部的温度是相同的；

(3) 连续相内部的温度是相同的。

微力加热是电磁场和物质之间相互作用的结果。用于描述分散相材料中此现象的热平衡方程式为[46]：

$$Q_{abs}-Q_{loss}=\rho_1 C_1 V_1 \mathrm{d}t_1 \tag{4-13}$$

式中 Q_{abs}——由于材料中微波功率完全耗散而传递到分散相颗粒的热量；

Q_{loss}——对环境的热损失；

$\rho_1 C_1 V_1 \mathrm{d}t_1$——分散相材料的热含量变化；

ρ_1——分散相材料的密度；

C_1——分散相材料的比热容；

V_1——微元体中分散相颗粒的体积；

t_1——分散相的颗粒的温度。

在时间 $\mathrm{d}\tau$ 内微波辐射分散相的每个粒子时，吸收的热量等于：

$$Q_{abs}=P_1 V_1 \mathrm{d}\tau \tag{4-14}$$

$$P_1=\frac{1}{2}\omega\varepsilon_0\varepsilon_1''|E_1|^2 \tag{4-15}$$

式中 P_1——分散相物质每单位体积的平均加热功率[48]；

ω——微波的频率；

ε''——分散相的复合介电常数的虚部；

ε_0——电常数；

E_1——分散相颗粒中的电场强度。

从方程(4-15)可以得出，在相同的微波加热条件下，材料的复合介电常数虚部的值越大，吸收功率越大。

固相颗粒的热量由于导热性会转移到周围的液体中，可以通过以下公式确定：

$$Q_{loss}=\alpha\cdot(t_1-t_2)S\mathrm{d}\tau \tag{4-16}$$

式中 α——从分散介质到连续相的热传递系数；

S——分散相颗粒的表面积；

t_1——分散相颗粒的温度；

t_2——连续相的温度。

然后，考虑到表达式(4-14)和式(4-16)，将其两个部分均除以 $d\tau$ 后的热平衡方程(4-13)的形式为：

$$P_1V_1-\alpha\cdot(t_1-t_2)\cdot S=\rho_1C_1V_1\frac{dt_1}{d\tau} \tag{4-17}$$

假设没有从连续相到环境的热传递，我们可以通过类似于表达式(4-17)来写出连续相的热平衡方程：

$$P_2V_2+\alpha\cdot(t_1-t_2)\cdot S=\rho_2C_2V_2\frac{dt_2}{d\tau} \tag{4-18}$$

$$P_2=\frac{1}{2}\omega\varepsilon_0\varepsilon_2''|E_2|^2$$

式中 P_2——连续相物质每单位体积的平均加热功率[48]；

ε_2''——连续相的复合介电常数的虚部；

E_2——连续相中的电场强度；

ρ_2——连续相材料的密度；

C_2——连续相材料的比热容；

V_2——微元体中连续相的体积；

t_2——连续相的温度。

则高黏原油在微波辐射下连续相和分散相温度分布的热力学模型为：

$$\begin{cases}P_1V_1-\alpha(t_1-t_2)S=\rho_1c_1V_1\dfrac{dt_1}{d\tau}\\[2ex]P_2V_2+\alpha(t_1-t_2)S=\rho_2c_2V_2\dfrac{dt_2}{d\tau}\\[2ex]t_1|_{\tau=0}=t_2|_{\tau=0}=t_0\end{cases} \tag{4-19}$$

整理方程组(4-19)并获得[49]：

$$\begin{cases}\dfrac{\mathrm{d}t_1}{\mathrm{d}\tau}=\dfrac{-\alpha S}{\rho_1 C_1 V_1}t_1+\dfrac{\alpha S}{\rho_1 C_1 V_1}t_2+\dfrac{P_1 V_1}{\rho_1 C_1 V_1}\\ \dfrac{\mathrm{d}t_2}{\mathrm{d}\tau}=\dfrac{\alpha S}{\rho_2 C_2 V_2}t_1-\dfrac{\alpha S}{\rho_2 C_2 V_2}t_2+\dfrac{P_2 V_2}{\rho_2 C_2 V_2}\end{cases} \tag{4-20}$$

带入 $a_1=\dfrac{P_1}{\rho_1 C_1}$，$a_2=\dfrac{P_2}{\rho_2 C_2}$；$b_1=\dfrac{\alpha S}{\rho_1 C_1 V_1}$，$b_2=\dfrac{\alpha S}{\rho_2 C_2 V_2}$。

然后方程组(4-20)的形式为：

$$\begin{cases}\dfrac{\mathrm{d}t_1}{\mathrm{d}\tau}=-b_1 t_1+b_1 t_2+a_1\\ \dfrac{\mathrm{d}t_2}{\mathrm{d}\tau}=b_2 t_1-b_2 t_2+a_2\end{cases} \tag{4-21}$$

找到相应的齐次线性微分方程组的基本解：

$$\begin{cases}\dfrac{\mathrm{d}t_1}{\mathrm{d}\tau}=-b_1 t_1+b_1 t_2\\ \dfrac{\mathrm{d}t_2}{\mathrm{d}\tau}=b_2 t_1-b_2 t_2\end{cases} \tag{4-22}$$

微分方程组的特征解：

$$\begin{vmatrix}-b_1-\lambda; & b_2\\ b_1; & -b_2-\lambda\end{vmatrix}=0\Rightarrow(b_1+\lambda)(b_2+\lambda)-b_1 b_2=0$$

找到特征根：

$$\lambda_1=0,\ \lambda_2=-(b_1+b_2)$$

得到一个线性独立的解：

$$\begin{cases}t_{11(\tau)}=A_1\mathrm{e}^{0\tau}=A_1\\ t_{21(\tau)}=A_2\mathrm{e}^{0\tau}=A_2\end{cases} \tag{4-23}$$

$$\begin{cases} t_{12(\tau)} = B_1 e^{-(b_1+b_2)\tau} \\ t_{22(\tau)} = B_2 e^{-(b_1+b_2)\tau} \end{cases} \tag{4-24}$$

将表达式(4-23)代入相应的线性齐次微分方程组(4-22)得到：

$$\begin{cases} 0 = -b_1A_1 + b_1A_2 \\ 0 = b_2A_1 - b_2A_2 \end{cases} \Rightarrow A_1 = A_2 = A$$

式中，A 是一个任意常数。

将表达式(4-24)代入相应的线性齐次微分方程组(4-22)，得到：

$$-B_1(b_1+b_2)e^{-(b_1+b_2)\tau} = -b_1B_1e^{-(b_1+b_2)\tau} + b_1B_2e^{-(b_1+b_2)\tau}$$

$$-B_2(b_1+b_2)e^{-(b_1+b_2)\tau} = b_2B_1e^{-(b_1+b_2)\tau} - b_1B_2e^{-(b_1+b_2)\tau}$$

$$\Rightarrow \begin{cases} -B_1(b_1+b_2) = b_1B_2 - b_1B_1 \\ -B_2(b_1+b_2) = b_2B_1 - b_2B_2 \end{cases}$$

$$\Rightarrow B_1 = -\frac{b_1}{b_2}B_2$$

选择 $B_2 = B$ 并得到：

$$B_1 = -\frac{b_1}{b_2}B$$

式中，B 是一个任意常数。

在这种情况下，齐次线性微分方程组(4-22)的解将是：

$$t_1(\tau) = A - \frac{b_1}{b_2}Be^{-(b_1+b_2)\tau}$$

$$t_2(\tau) = A + Be^{-(b_1+b_2)\tau}$$

使用改变常数的方法找到线性方程组(4-22)的特定解，数值 A 和 B 将被视为时间 τ 的函数，得到：

$$\begin{cases}\dfrac{dA}{d\tau}-\dfrac{b_1}{b_2}e^{-(b_1+b_2)\tau}\dfrac{dB}{d\tau}=a_1 & (4-25)\\[2ex] \dfrac{dA}{d\tau}-e^{-(b_1+b_2)\tau}\dfrac{dB}{d\tau}=a_2 & (4-26)\end{cases}$$

表达式(4-26)和式(4-25)之间的差异为：

$$a_2-a_1=e^{-(b_1+b_2)\tau}\left(1+\frac{b_1}{b_2}\right)\frac{dB}{d\tau}\Rightarrow\frac{dB}{d\tau}=\frac{a_2-a_1}{b_1+b_2}b_2e^{(b_1+b_2)\tau} \tag{4-27}$$

将方程式(4-27)代入式(4-26)，得出结果：

$$\frac{dA}{d\tau}=\frac{a_2b_1+a_1b_2}{b_1+b_2} \tag{4-28}$$

对(4-27)进行积分，得到：

$$B=\frac{b_2(a_2-a_1)}{(b_1+b_2)^2}\cdot e^{(b_1+b_2)\tau}$$

对(4-28)进行积分，得到：

$$A=\frac{a_2b_1+a_1b_2}{b_1+b_2}\tau$$

那么非均质微分方程组(4-21)的一般解是：

$$\begin{cases}t_1(\tau)=A-\dfrac{b_1}{b_2}Be^{-(b_1+b_2)\tau}+\dfrac{a_2b_1+a_1b_2}{b_1+b_2}\cdot\tau-\dfrac{b_1(a_2-a_1)}{(b_1+b_2)^2}\\[2ex] t_2(\tau)=A+Be^{-(b_1+b_2)\tau}+\dfrac{a_2b_1+a_1b_2}{b_1+b_2}\cdot\tau-\dfrac{b_2(a_2-a_1)}{(b_1+b_2)^2}\end{cases} \tag{4-29}$$

把初始条件 $\tau=0$，$t_{1(0)}=t_{2(0)}=t_0$代入方程组(4-29)，得到：

$$\begin{cases}t_0=A-\dfrac{b_1}{b_2}B-\dfrac{b_1(a_2-a_1)}{(b_1+b_2)^2}\\[2ex] t_0=A+B+\dfrac{b_2(a_2-a_1)}{(b_1+b_2)^2}\end{cases} \tag{4-30}$$

解方程组(4-30)后，得到：

$$A=t_0;\ B=\frac{b_2(a_1-a_2)}{(b_1-b_2)^2}$$

由此可见，找到了以下形式的非齐次微分方程组(4-21)的系统解：

$$\begin{cases} t_1(\tau)=t_0-\dfrac{b_1(a_2-a_1)}{(b_1+b_2)^2}\cdot \mathrm{e}^{-(b_1+b_2)\tau}+\dfrac{a_2b_1+a_1b_2}{b_1+b_2}\cdot\tau-\dfrac{b_1(a_2-a_1)}{(b_1+b_2)^2} & (4-31)\\ t_2(\tau)=t_0-\dfrac{b_2(a_1-a_2)}{(b_1+b_2)^2}\cdot \mathrm{e}^{-(b_1+b_2)\tau}+\dfrac{a_2b_1+a_1b_2}{b_1+b_2}\cdot\tau-\dfrac{b_2(a_2-a_1)}{(b_1+b_2)^2} & (4-32)\end{cases}$$

$$t_1\big|_{\tau=0}=t_2\big|_{\tau=0}=t_0$$

其中

$$a_1=\frac{P_1}{\rho_1C_1}(℃/\mathrm{c});\qquad a_2=\frac{P_2}{\rho_2C_2}(℃/\mathrm{c})$$

$$b_1=\frac{\alpha S}{\rho_1C_1V_1}(1/\mathrm{c})\qquad b_2=\frac{\alpha S}{\rho_2C_2V_2}(1/\mathrm{c})$$

上述方程组求得在受到微波电磁场辐射时稠油的分散相和连续相的温度。

4.5 微波辐射下高黏原油体积温度分布计算

为了使用方程组(4-31)~方程组(4-32)在超高频电磁场的作用下计算不稳定高黏原油的分散相和连续相之间的温度分布，有必要确定沥青质和脱沥青原油的介电特性，传热系数 α 的值以及谐振器中的电场强度 E 的值。

通过用正庚烷以 1：40 的体积比处理稠油样品来分离沥青质，这使溶液中形成疏松的棉絮状积聚物(絮凝物)。搅拌 16h 后将所得溶液过滤。将具有金属光泽的黑色粉末形式的沉淀物，即沥青质，干燥 8h。蒸馏加入的正庚烷后的滤液为脱沥青原油。

表 4-5 中列出了沥青质和脱沥青油的复合介电常数实部和虚部(介电损耗)的测量结果。使用 hp 85070M 网络分析仪以 2450MHz[50、51] 的频率进行测量。

表 4-5　方程式(4-9)的参数值

参数	沥青质	脱沥青油
介电常数	2.92	2.49
介电损耗	0.63	0.04

如果已知微元体模型中脱沥青原油的温度 t_2，则可以根据公式(4-32)确定传热系数 α 的值。通过实验使用以下方法得到温度 t_2。在谐振器中处理固定质量的稠油样品。经过指定的处理时间后，将样品从谐振器中取出并立即测量其温度，将其作为连续相的温度 t_2[41]。

为了确定公式(4-11)中的电场强度 E，必须考虑腔谐振器内部的结构。

在大多数情况下，在腔谐振器中不可能清楚地区分只有电场或只有磁场的区域，因此通过电动方法研究谐振器的特性。

与宏观电动力学有关的所有电磁现象均由麦克斯韦方程描述，在国际单位制中其形式如下：

$$\mathrm{rot}\ \overline{E}=-\frac{\partial\ \overline{B}}{\partial t}-\overline{M} \tag{4-33}$$

$$\mathrm{rot}\ \overline{H}=\frac{\partial\ \overline{D}}{\partial t}+\overline{J} \tag{4-34}$$

$$\mathrm{div}\ \overline{D}=\rho \tag{4-35}$$

$$\mathrm{div}\ \overline{B}=0 \tag{4-36}$$

式中 $\overline{E}$——电场强度，V/m；

$\overline{H}$——磁场强度，A/m；

$\overline{D}$——电感应强度，C/m^2；

$\overline{B}$——磁感应强度，Wb/m^2；

$\overline{M}$——磁流密度，V/m^2；

$\overline{J}$——电流密度，A/m^2；

P——电荷密度，C/m^2。

电磁场的来源是磁流密度$\overline{M}$和电流密度$\overline{J}$，以及体积密度为 ρ 的电荷。

应当指出的是，在微波技术中使用腔谐振器，首先，在通信、雷达、射电天文学中，在无线电范围内起着振荡电路的作用；其次，它们的场可以与引入电磁场的物质相互作用。这种物质是谐振器的负载，因为来自谐振器的部分功率可以被它吸收。

描述谐振器中磁场与物质的相互作用时要考虑几个因素。将负载引入谐振器会改变其固有频率和固有振动场的分布。以分析的形式对简单几何形状的负载进行自然频率和场分布的计算，例如当谐振器的整个体积充满均质介质时，或者当引入物体的尺寸显著小于工作波长时。

当负载中的非平稳过程的特征时间小于在谐振器中建立振荡的时间时，以及需要考虑负载的电磁特性与电磁场的关系时(在一般情况下可能是非线性且不稳定的)，计算中会出现很大的困难。

考虑到上述情况，应注意的是对于大多数实际问题，方程组(4-33)~方程组(4-36)的解析解要么不存在，要么需要考虑大量不同的边界条件。

在这种情况下，与其尝试寻找描述工作腔内部物理过程的方程式的解析解，不如使用计算机数值方法来计算参数。

由于本研究工作并未确定计算高黏原油样品微波热电设备腔谐振器的任务(图 4-3)，因此根据文献[19]中的计算确定了其中包含的电磁场参数。

表 4-6 显示了初始数据以及所研究的稠油在微波加热过程中传热系数和分散相与连续相的温度值的计算结果。

表 4-6　不稳定稠油经微波电磁场处理后分散相和分散介质中温度分布的计算结果

参数	油田原油		备　注
	辽河	吐哈	
沥青质密度 ρ_1/(kg/m^3)	1140		文献[45]
脱沥青油密度 ρ_2/(kg/m^3)	840		实验
沥青质比热容 C_1/[J/(kg · ℃)]	920		文献[45]
脱沥青油比热容 C_2/[J/(kg · ℃)]	2100		文献[45]
沥青质颗粒半径 r/m	50.0×10^{-6}		文献[41]
处理时间 τ/s	60		—
微波频率 ω/Hz	2.45×10^{9}		—
真空介电常数/(F/m)	8.85×10^{-12}		—
微波电磁场功率/W	2000		实验
谐振器内平均电场强度 E/(V/m)	2.8×10^{4}		文献[19]
沥青质质量分数	0.229	0.284	表格 4-1
初始温度 t_0/℃	20	22	实验
连续相加热温度 t_2/℃	44	54	实验
沥青质体积分数 f	0.311	0.385	公式(4-10)
原油有效介电常数	2.619	2.650	公式(4-9)
导热系数 α/[W/(m^2 · ℃)]	0.100	0.120	公式(4-32)
分散相电场强度 E_1/(V/m)	27842.7	28177.9	公式(4-12)
连续相电场强度 E_2/(V/m)	29445.4	29800.0	公式(4-11)

续表

参数	油田原油		备　注
	辽河	吐哈	
分散相加热物质平均功率 P_1/(W/m³)	5297102.8	5425449.3	公式(4-15)
连续相加热物质平均功率 P_2/(W/m³)	376158.5	385272.6	公式(4-18)
分散相加热温度 t_1/℃	279.7	281.2	—
连续相加热温度 t_2/℃	44.4	54.2	计算
确定连续相加热温度的相对误差 t_2/%	-0.92	-0.33	—

由此可见在微波电磁场的影响下，由于沥青质和脱沥青油介电性能的差异，在温度约为50℃的稠油连续相内部出现“热点”——温度为280℃的沥青质团簇。

4.6　微波辐射对高黏原油成分的影响

通过实验研究获得原油分散系统由于介电加热而导致黏度降低，这可能是由于分散结构的破坏和压实而引起的，从而导致游离态液相体积的增加。

考虑到悬浮液中各组分的理化性质对其流变性能有显著影响，采用SARA分析法对微波加热后的高黏原油样品进行了研究，结果显示在表4-7中。

表4-7　微波电磁场作用后高黏原油的成分组成变化

<table>
<tr><th rowspan="3">油田原油</th><th colspan="8">组分</th></tr>
<tr><th colspan="2">饱和烃</th><th colspan="2">芳香烃</th><th colspan="2">胶质</th><th colspan="2">沥青质</th></tr>
<tr><th>含量/%</th><th>相对变化Δ/%</th><th>含量/%</th><th>相对变化Δ/%</th><th>含量/%</th><th>相对变化Δ/%</th><th>含量/%</th><th>相对变化Δ/%</th></tr>
<tr><td>辽河</td><td>26.3</td><td>6.05</td><td>33.2</td><td>4.40</td><td>20.1</td><td>-4.29</td><td>20.1</td><td>-12.23</td></tr>
<tr><td>吐哈</td><td>32.7</td><td>15.55</td><td>23.4</td><td>-0.85</td><td>20.9</td><td>6.09</td><td>23.0</td><td>-19.01</td></tr>
</table>

与初始原油系统(表4-1)相比，微波辐射作用后，其中的沥青质含量随饱和烃含量的增加而降低。同时，胶质与沥青质的比例增加(辽河原油为1.1倍，吐哈原油为1.3倍)，这间接表明这些稠油的胶体稳定性增加。

为了弄清楚电磁场处理后化学成分变化的原因，研究了其对辽河油田高黏原油中各成分的影响。根据SARA分析方法将该原油分离为各主要成分，然后通过微波辐射对其进行处理，该微波辐射的参数与对初始原油进行电热处理时的参数相同。

研究了微波场对饱和碳氢化合物组成变化的影响，对来自该油田原油的柴油馏分进行了研究。根据RIPP 79-80方法在HP5880A色谱仪上通过气相色谱法测定辐射前后的烷烃含量。通过积分峰面积并归一化为总面积来确定组分的相对质量分数(表4-8)。

表 4-8 辽河油田原油的柴油馏分在微波辐射之前和之后烷烃含量的变化

组　分	时间/s	作用前组分面积	面积分数*/%	作用后组分面积	面积分数*/%	面积分数差/%
正十二烷	26.78	1360.43	5.674	1348.62	5.732	1.02
正十三烷	29.99	1324.10	5.523	1301.98	5.534	0.20
正十九烷	47.32	1020.77	4.257	966.58	4.108	-3.50
正二十烷	50.74	836.92	3.490	784.41	3.334	-4.47
正二十一烷	55.12	334.62	1.396	310.72	1.321	-5.37

* 面积分数即为该单体烃在混合物中的质量分数。

根据该表中的数据，由于微波电磁场的作用，长链正构烷烃的含量降低，短链正构烷烃的数量增加。因此，微波电磁场能量的吸收导致大分子在温度明显低于柴油燃料的裂解温度（700℃）下破裂。由此可见在微波辐射下实现了“非热”效应，其降低了柴油馏分中烃类分解反应的活化能。微波场作用之前和之后，芳香烃（芳烃）的红外吸收光谱基本没有变化，这表明这些化合物没有实现“非热”效应和热分解。胶质和沥青质的微波处理导致原油构成分散相的非烃部分的红外光谱发生变化。对微波处理前、后芳烃的红外吸收光谱的比较分析表明，非碳氢化合物（>C═O）的羰基组分的吸收峰（$3450cm^{-1}$）的强度降低。发现微波短时间（<5s）作用于沥青质上会导致剧烈放气并迅速释放到饱和状态。

为了收集这种气体，使用了航空燃料，其在气体饱和前、后的色谱图如图 4-5 所示。

从图 4-5 可以看出，在受到微波辐射刺激的胶质和沥青质的化学反应气体产物中，相对分子质量小于 C_5 的轻组分含量增加，而相对分子质量高于 C_5 的组分含量不变化。这是胶质和沥青质大分子裂解的证据[36]。

在讨论上述实验的结果时，有必要考虑到沥青质在高达 300℃ 的温度下热解会导致其分子（C—S 和 C—O）最弱的杂原子桥键断裂并形成自由基。

这些自由基由于其巨大的尺寸而没有活性，而且它们在超分子结构的组分中，并通过分子间相互作用的力与其余的部分联系在一起。因此，它们与

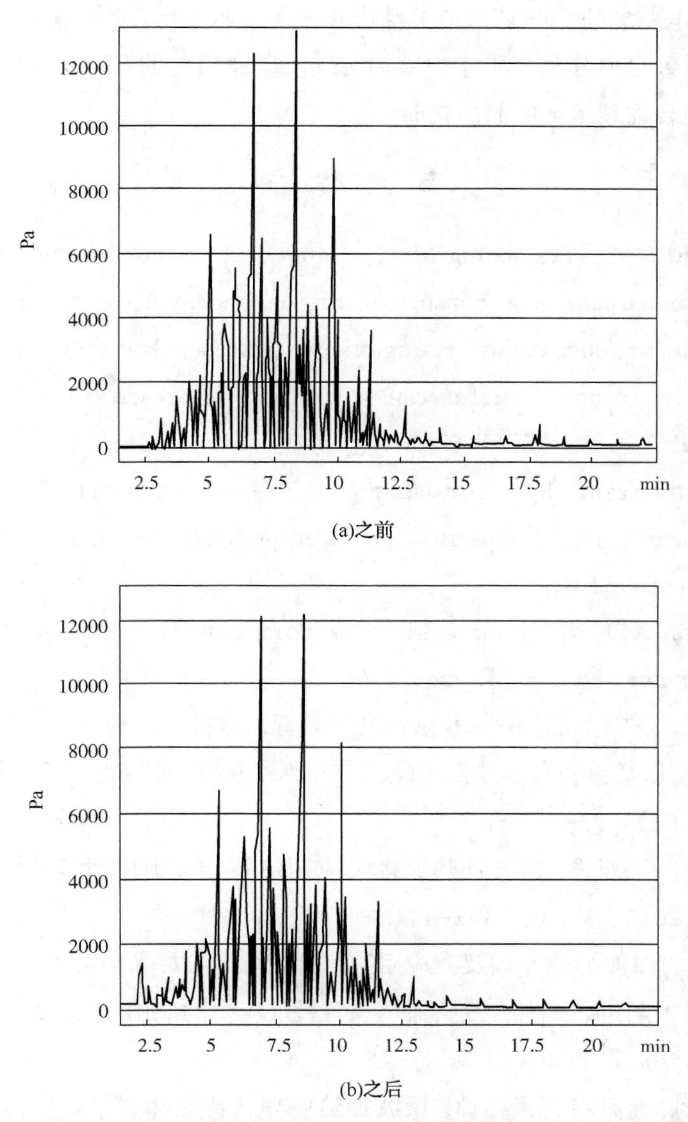

图 4-5　吸收由电热沥青质形成的气态组分之前和之后的航空燃料的色谱图

相邻的分子或沥青质或胶质的相邻缔合物反应。结果缔合体中的沥青质分子交联并且缔合体彼此连接，这导致形成较大的颗粒。在普通的热解中，沥青质分子的破坏过程始终高于 300℃的温度[52、53]。

介电加热导致不稳定重油的流动性增加是由于沥青质团簇的破坏(尺寸减

小）和微波电磁场的“非热”效应原油中高分子杂原子化合物低于传统热解温度时的分裂导致自由分散介质体积增加所致。微波辐射的“非热”效应降低了高分子原油化合物裂解反应的活化能。

参 考 文 献

[1] Домнин И Ф，Резинкина М М，Чаган А Е. Использование высокочастотного нагрева для обработки слабопроводящих сред（обзор）[J]. Вестник национального технического университета《ХПИ》：Сборник научных трудов Тематический：выпуск《Автоматика и приборостроение》，2011，(57)：83-88.

[2] Архангельский Ю С，Колесников Е В. Перспективы СВЧ-электротехнологии [J]. Энергетика и электроника. Вестник СГТУ，2010，47(3)：100-101.

[3] Донской А В，Куляшов С М. Электротермия[M]. Москва-Ленинград：Гос. энергетическое изд-во，1961.

[4] 杨国贤. 农村电工[M]. 北京：高等教育出版社，2012.

[5] 王峰，王安英，周立娟. 微波加热技术的发展概况[J]. 佛山陶瓷，1998，(1)：33-34.

[6] 王家万，王亚夫. 微波加热原理及应用[J]. 吉林师范大学学报：自然科学版，2012，33(4)：142-144.

[7] 王绍林. 微波加热原理及其应用[J]. 物理，1997，(4)：232-237.

[8] 叶孝勇，陆进，李林. 微波加热在有机反应中的应用[J]. 贵阳学院学报：自然科学版，2006，(1)：42-45.

[9] 张天琦，崔献奎，张兆镗. 微波加热原理、特性和技术优势[J]. 筑路机械与施工机械化，2008，(7)：10-15.

[10] 杨伯伦，贺拥军. 微波加热在化学反应中的应用进展[J]. 现代化工，2001，(4)：8-12.

[11] 杨波. 微波加热技术及其应用[J]. 电子节能，1998，(2)：14-17.

[12] 杨瑞昆. 微波加热技术简介[J]. 技术物理教学，2006，(1)：45-46.

[13] Бредоносов С С. Микроволновая химия[J]. Соросовский образовательный журнал, 2001, 7(1): 32-38.

[14] 金钦汉. 微波化学[M]. 北京: 科学出版社, 1999.

[15] 李林, 唐晓东, 邹雯炆, 等. 微波技术在石油工业中的应用研究进展[J]. 化工科技, 2007, (4): 63-67.

[16] Морозов Г А, Морозов О Г. Микроволновые технологии для нефтегазодобывающего комплекса[C] // Материалы 12th Int. Crimean Conference《Microwave & Telecommunication Technology》. Sevastopol: 2002: 28-31.

[17] Морозов О, Каргин А, Савенко Г, и др.. Промышленное применение СВЧ-нагрева[J]. Электроника: Наука, Технология, Бизнес, 2010, (3): 2-6.

[18] Сараев Д В, Лунёв И В, Юсупова Т Н, и др.. Диэлектрическая спектроскопия в исследовании структурной организации нефтяных дисперсных системах[J]. Электронный научный журнал нефтегазовое дело, 2005, (1): 2-11.

[19] 王颖. 稠油微波加热降黏机理研究[D]. 北京: 中国科学院研究生院, 2002.

[20] Bosisio R G, Cambon J L, Chavarie C, et al. Experimental results on the heating of Athabasca tar sand samples with microwave power [J]. Journal of microwave power, 1977, 12(4): 301-307.

[21] Balint V, Pinter A, Mika G. Process for the recovery of shale oil, heavy oil, kerogen or tar from their natural sources: US4. 419. 214 [P]. 1983.

[22] 蒋华义. 微波对高黏高凝原油作用规律研究[D]. 成都: 西南石油大学, 2004.

[23] Wall E T. Method and apparatus for recovering carbon products from oil shale: US 4. 376. 034[P]. 1983.

[24] Tanner D D, Ding Q, Kandanarachchi P, et al. Method of microwave bond cleavage of a hydrocarbon compound in a liquid phase: US6. 106.

675［P］. 2020.

［25］Tanner D D，Kandanarachchi P，Ding Q，et al. The Catalytic Conversion of C_1–C_n Hydrocarbons to Olefins and Hydrogen：Microwave-Assisted C–C and C–H Bond Activation［J］. Energy & Fuels，2001，15(1)：197–204.

［26］Tanner D D，Ding Q，Kandanarachchi P，et al. The Microwave Promoted Carbon Catalyzed Production of Terminal Olefins from Long Chain Alkanes and Carbon-Carbon Cleavage Reactions of Organic Molecules［J］. ACS Fuels Volumes，1999，44(1)：133–139.

［27］程亮，杨林，邹长军. 稠油物理场降黏技术研究进展［J］. 化工时刊，2005，(6)：51–55.

［28］Kiamanesh A I. In-situ tuned microwave oil extraction process：US5. 082. 054［P］. 1992.

［29］Быков Ю В，Рыбаков К И，Семенов В Е. Микроволновая высокотемпературная обработка материалов. Часть 1. Вакуумная СВЧ электроника：сборник обзоров［М］. Нижний Новгород：Институт прикладной физики РАН，2002.

［30］Jackson C. Upgrading a Heavy Oil Using Variable Frequency Microwave Energy［C］// CHOA International Thermal Operations and Heavy Oil Symposium and International Horizontal Well Technology Conference，2002，SPE-78982-MS.

［31］Кирсанов Е А. Течение дисперсных м жидкокристаллических систем［М］. Иваново：Иван. Гос. Ун-т，2006.

［32］Матвеенко В Н，Кирсановым Е А. Вязкость и структура дисперсных систем［J］. Вестн. Моск. Ун-та. Сер. 2. Химия，2011，52(4)：243–274.

［33］Губин В Е，Губин В В. Трубопроводный транспорт нефти и нефтепродуктов［М］. Москва：Недра，1982.

［34］Шрамм Г. Основы практической реологии и реометрии［М］. Москва：КолосС，2003.

[35] Федоров П В, Некучаев В О, Челинцев С Н. О методике определения реологических свойств высокозастывающих нефтей [J]. Трубопроводный транспорт [теория и практика], 2010, (6): 2-4.

[36] Цзян Хуаи, Цао Бо. Изменение состава и свойств тяжелых выоковязких нефтей под воздействием микроволнового облучения[J]. Наука и технологии трубопроводного транспорта нефти и нефтепродуктов, 2013, 12(4): 20-25.

[37] 杨佰娟，郑立，张魁英，等. TLC/FID 分析原油 SARA 组成方法研究[J]. 石油与天然气化工，2011，40(2)：201-205.

[38] Маркин А Н, Низамов Р Э, Суховерхов С В. Нефтепромысловая химия: практическое руководство [M]. Владивосток: Дальнаука, 2011.

[39] Охлопков А С. Свойства товарных сырой нефти, позволяющие идентифицировать источник нефтяного загрязнения окружающей природной среды [D]. Нижний Новгород: Нижегор. гос. ун - т им. Н. И. Лобачевского, 2015.

[40] Лихацкий В В. Исследование диэлектрических и структурных характеристик асфальтеносодержащих дисперсных систем [D]. Москва: Российский государственный университет нефти и газа им. И. М. Губкина, 2010.

[41] Цзян Хуаи, Цао Бо. Оценка распределения температур в микрофизической модели тяжелой нефти при микроволновом воздействии [J]. Наука и технологии трубопроводного транспорта нефти и нефтепродуктов, 2014, 13(1): 48-52.

[42] Власов Ю С. Анализ влияния внешних факторов на диэлектрическую проницаемость работающего масла [J]. Современные проблемы науки и образования, 2013, (6): 189-196.

[43] Кислякова Е В. Электрическое поле в диэлектриках с неоднородной структурой [J]. Молодой ученый, 2012, (12): 6-10.

[44] 毕德显. 电磁场理论[M]. 北京：电子工业出版社，1985.

[45] 因克罗普拉 F P，德威特 D P. 传热基础[M]. 陆大有，于广经，朱谷军，等. 译. 北京：宇航出版社，1987.

[46] 杨世明，陶文铨. 传热学[M]. 北京：高等教育出版社，1998.

[47] 姚中鹏，王瑞君，张习军. 传热学[M]. 北京：北京理工大学出版社，1995.

[48] Ванецев А С. Спекание оксидных порошков с использованием микроволнового воздействия：описания задач спецпрактикума《Методы получения и анализа неорганических материалов》[М]. Москва：Московский государственный университет имени М. В. Ломоносова，2011.

[49]《数学手册》编写组. 数学手册[M]. 北京：高等教育出版社，1979.

[50] hp85070M 网络分析仪使用说明. 北京，2015.

[51] 蒋华义，黄莉，魏爱军. 稠油微波脱水的实验研究[J]. 西安石油大学学报：自然科学版，2005，(5)：49-51.

[52] Гринько А А. Серусодержащие структурные фрагменты смолисто－асфальтеновых компонентов [D]. Томск：Ин－т химии нефти СО РАН，2011.

[53] Cao Bo，Chelintsev S N. Influence of microwave processing of heavy stock oil on oil fluidity [J]. Chemistry and Technology of Fuels and Oils，2020，55(6)：712-719.

第5章　微波和添加剂联合对高黏原油流变特性的影响研究

5.1　微波和添加剂联合对高黏原油结构和力学性能的影响

在上一章中微波加热对增加稠油流动性的影响研究结果表明，并非在所有情况下都实现了高黏原油黏度的显著降低，这与沥青质的结构组成和介电特性有关。

通过提高沥青质的热解温度，可以提高高黏原油以及稳定的原油分散系统的介电加热效率，因为它们的转化率最大值对应于450～650℃的温度范围[1]。由于电介质加热的选择性，可以通过向微波辐射弱吸收性原油中添加高介电损耗的添加剂(局部夹杂)来控制电磁场的空间分布和强度。在加工稠油中出现额外的“热点”将增强并稳定微波加热的积极作用[2,3]。

然而目前对原油系统的所谓混合加热方案的研究不足以确定用该技术增加高黏原油流动性的基本定律。

为了研究混合微波加热方案的可能性，选择了来自克拉玛依油田的稠油。表5-1和表5-2列出了该原油样品的物理性质及化学成分。

选择该油田原油是由于以下原因。它属于沥青质稳定原油($CII=0.76<0.9$)，与胜利油田($CII=0.80$)和大港油田($CII=0.81$)的稠油一样，在微波辐射后黏度略有降低。因此对沥青质不稳定性指数$CII<0.9$的原油进行介电加热的效果进行附加研究是合适的。

表 5-1　克拉玛依油田高黏原油样品的物理性质

指　标	数　值	确定方法
温度为 20℃时的密度/(kg/m^3)	930	GB/T 1884—2000
倾点/℃	14	SY/T 0541—2014
含量：		
盐/(mg/L)	349	SY/T 0536—2008
硫/%	0.04	GB/T 17674—2012
水/%	0	GB/T 8929—2006

表 5-2　通过 SARA 分析方法确定的克拉玛依油田高黏原油样品的化学成分

组分	烷烃	芳香烃	胶质	沥青质	沥青质不稳定指数 *CII*
含量/%	28.9	37.5	19.2	14.4	0.76

可以说高黏原油的流动性的增加既取决于定量因素：微波辐射的频率、功率、辐射时间、添加剂的浓度及其介电特性，也取决于定性因素：添加剂的类型、原油的化学成分。因此在研究的第一阶段必须解决组合问题，包括减少所研究因素可能的组合数量。

使用基于在每个实验中按级别放置因素的规则的实验计划解决这些问题，有多种方法来组织此类计划，其中最常见的是使用拉丁方阵的设计。

拉丁方阵是一个由 n 行和 n 列组成的表，并用因素(字母)填充，因此每个元素在每一行和每一列中仅重复一次[4]。

以下是根据以 3×3 拉丁方阵的离散分析方案对实验计划的结果。借助该计划，以辐射频率(2450MHz)和持续时间辐射(180s)为固定值研究三个离散变化的因素 A(微波功率)、B(添加剂浓度)和 C(添加剂类型)对克拉玛依油田原油有效黏度的影响。

根据对文献资料的分析[5-16]选择了以下粉末状介电添加剂(因素 C_k)：活性炭(因素 C_1)，分子筛(沸石)(因素 C_2)和四氧化三铁(因素 C_3)。这些添加剂的特性示于表 5-3~表 5-5 中。

碳添加剂的特征是高水平的微波吸收和吸附能力、对侵蚀性介质的抵抗性、其纳米孔的尺寸和参数广泛变化的可能性。表5-3给出了选择的球形碳添加剂的物理参数，其介电常数为$\varepsilon'=3.24$，介电损耗正切$\tan\sigma=7.5$。

使用脱水合成沸石或所谓的分子筛(表5-4)作为第二种添加剂，该分子筛的特征在于介电常数为6.7，介电损耗角正切$\tan\sigma=0.015$。

表5-5显示了四氧化三铁粉末的特性，该粉末是分子式为Fe_3O_4或$FeO \cdot Fe_2O_3$的无机化合物。

表5-3　碳添加剂的物理和结构特征

原料类型	微粒尺寸/μm	含灰量/%	微孔体积/(cm^3/g)			
			总和	微小气孔	中等气孔	宏观气孔
球形活性炭	10	25	0.97	0.36	0.12	0.49

表5-4　分子筛的特性

指标	数值
密度/(g/mL)	0.5
尺寸/μm	2~6
吸附水/(mg/g)	240
pH值	11

表5-5　四氧化三铁粉末的特性

指标	数值
密度/(kg/m^3)	5180
尺寸/nm	80.0
纯度/%	99.9
比表面积/(m^2/g)	50.0
介电常数	14.2

通常将氧化物半导体称为极性类型的二元化合物，其中金属和非金属成

分被清楚地区分，并且可以视为离子化合物。四氧化三铁粉末像许多价态不同的金属氧化物一样，既可以反射微波，也可以吸收微波。

上述粉末状添加剂的特点是活性炭和分子筛具有吸附各种碳氢化合物以及高黏原油树脂和沥青质的能力[17]。

根据计划的矩阵配方按以下顺序制备样品。将 50g 高黏原油倒入容量为 250mL 的烧杯中，并向其中加入所需数量的添加剂。然后按照上一章中所述的程序将油样品充分混合并进行微波辐射。根据上一章中所述的方法在 20℃下测定油样的有效黏度值。

表 5-6 列出了没有重复实验的实验设计及其参数。

表 5-6　三阶拉丁方阵*

添加剂体积分数/%		微波功率/W			行总计
		b_1	b_2	b_3	
		500	700	900	
a_1	1	$Y_1=2.47$ C_1	$Y_2=3.40$ C_2	$Y_3=9.16$ C_3	15.03
a_2	2	$Y_4=2.96$ C_2	$Y_5=7.49$ C_3	$Y_6=5.86$ C_1	16.30
a_3	3	$Y_7=6.35$ C_3	$Y_8=3.29$ C_1	$Y_9=7.64$ C_2	17.28
列总计		11.77	14.18	22.65	48.60

* 系指有效黏度值以 Pa · s 给出。

下面给出方阵元素 C_k 的总和计算：

$$C_1=Y_1+Y_6+Y_8=11.61;\ C_2=Y_2+Y_4+Y_9=13.99;\ C_3=Y_3+Y_5+Y_7=23.00$$

假设因素的相互作用不明显，则实验结果可以用线性模型表示：

$$Y_{ijk}=\mu+\alpha_i+\beta_j+\gamma_k+e_{ijk} \tag{5-1}$$

式中　Y_{ijk}——所有实验的总影响；

α_i——因素 A 的影响(行)；

β_j——因素 B 的影响(列)；

γ_k——因素 C(方阵元素)的影响；

e_{ijk}——正态分布的误差。

表 5-7 中显示了拉丁方阵的离散分析方案[4]。

表 5-7　拉丁方阵离散分析方案

离散来源	自由度数	方阵和	平均方阵	平均方阵的数学期望
A	$n-1$	$SS_A=SS_2-SS_5$	$s_A^2=\frac{SS_A}{n-1}$	$n\sigma_A^2+\sigma_{误}^2$
B	$n-1$	$SS_B=SS_3-SS_5$	$s_B^2=\frac{SS_B}{n-1}$	$n\sigma_B^2+\sigma_{误}^2$
C	$n-1$	$SS_C=SS_4-SS_5$	$s_C^2=\frac{SS_C}{n-1}$	$n\sigma_C^2+\sigma_{误}^2$
余量(误差)	$(n-1)(n-2)$	$SS_{余}=SS_1-SS_2-SS_3-SS_4+2SS_5$	$s_{余}^2=\frac{SS_{余}}{(n-1)(n-2)}$	$\sigma_{误}^2$
总和	n^2-1	$SS_{总}=SS_1-SS_5$		

观测值的平方和与均方值的计算如下。

计算所有观测结果的平方和：

$$SS_1=\sum_{i=1}^{n}\sum_{j=1}^{n}(y_{ijkl})^2$$

$$SS_1=2.47^2+3.40^2+9.16^2+2.96^2+7.49^2+5.86^2+6.35^2+3.29^2+7.64^2$$

$$=310.12$$

行总数的平方和除以每行中的元素数：

$$SS_2=\sum_{i=1}^{n}A_i^2/n\quad SS_2=(15.03^2+16.30^2+17.28^2)/3=263.33$$

列总数的平方和除以每列中的元素数：

$$SS_3=\sum_{j=1}^{n}B_j^2/n \quad SS_3=(11.77^2+14.18^2+22.65^2)/3=284.26$$

拉丁字母总数的平方和除以每个字母对应的元素数：

$$SS_4=\sum_{k=1}^{n}C_k^2/n \quad SS_4=(11.61^2+13.99^2+23.00^2)/3=286.51$$

校正项等于总计的平方除以该方阵中的网格总数(除以实验次数)：

$$SS_5=\sum_{i=1}^{n}\sum_{j=1}^{n}y_{ijkl}/n^2 \quad SS_5=48.60^2/9=282.48$$

行的平方和：

$$SS_A=SS_2-SS_5 \quad SS_A=263.33-262.48=0.85$$

列的平方和：

$$SS_B=SS_3-SS_5 \quad SS_B=284.26-262.48=21.78$$

拉丁字母的平方和：

$$SS_C=SS_4-SS_5 \quad SS_C=286.51-262.48=24.03$$

总平方和：

$$SS_{总}=SS_1-SS_5 \quad SS_{总}=310.12-262.48=47.64$$

余量平方和：

$$SS_{余}=SS_{总}-(SS_A+SS_B+SS_C) \quad SS_{余}=47.64-(0.85+21.78+24.03)=0.98$$

行的均方值：

$$S_A^2=\frac{SS_A}{n-1} \quad S_A^2=\frac{0.85}{2}=0.43$$

列的均方值：

$$S_B^2=\frac{SS_B}{n-1} \quad S_B^2=\frac{21.78}{2}=10.89$$

拉丁字母的均方值：

$$S_{C}^{2}=\frac{SS_{C}}{n-1} \quad S_{C}^{2}=\frac{24.03}{2}=12.01$$

余量均方值：

$$S_{余}^{2}=\frac{SS_{余}}{(n-1)(n-2)} \quad S_{余}^{2}=\frac{0.98}{2}=0.49$$

行的费舍尔 F 准则：

$$F_{\rho A}=\frac{S_{A}^{2}}{S_{余}^{2}} \quad F_{\rho A}=\frac{0.43}{0.49}=0.87$$

列的费舍尔 F 准则：

$$F_{\rho B}=\frac{S_{B}^{2}}{S_{余}^{2}} \quad F_{\rho B}=\frac{10.89}{0.49}=22.2$$

拉丁字母的费舍尔 F 准则：

$$F_{\rho C}=\frac{S_{C}^{2}}{S_{余}^{2}} \quad F_{\rho C}=\frac{12.01}{0.49}=24.5$$

计算结果总结在方差分析表 5-8 中。

表 5-8　拉丁方格离散分析的结果

离散来源	自由度数	方阵和	平均方阵	费舍尔 F 准则
行 A	2	0.85	0.43	0.87
列 B	2	21.78	10.89	22.2
拉丁字母 C	2	24.03	12.01	24.5
误差	2	0.98	0.49	—
总和	8	47.64	—	—

通过费舍尔 F 准则检查了因素 A、B 和 C 影响的显著性。

如果离散关系满足不等式：

$$\frac{S_{\mathrm{A}}^2}{S_{误}^2}<F_{1-\rho(f_1,f_2)};\quad \frac{S_{\mathrm{B}}^2}{S_{误}^2}<F_{1-\rho(f_1,f_2)};\quad \frac{S_{\mathrm{C}}^2}{S_{误}^2}<F_{1-\rho(f_1,f_2)}$$

式中　ρ——显著性水平；

f_1、f_2——自由度的数量；

接受零假设：$\alpha_i=0$；$\beta_j=0$；$\gamma_k=0$。

如果任何离散率都大于表中的离散率，则将拒绝相应的原假设，并且该因素的影响被认为是主要的。对于显著性水平 $p=0.95$ 和比较离散自由度 $f_1=2$ 和 $f_2=2$，费舍尔准则的表格值 $F_{0.05(2,2)}=19.2$[18]。

将获得的离散关系(表 5-8)与费舍尔准则的表格值进行比较表明，应将因素 A 的影响视为无关紧要。因素 B 和 C 对所考虑的工艺过程有重大影响。接受关于因素 B 和 C 均值差异显著性的假设后，使用 Дункан 多秩准则对它们的效果进行不同级别的排序[19]。

让我们通过以下公式计算平均值的归一化误差：

$$S_{\bar{\mathrm{b}},\bar{\mathrm{c}}}=\sqrt{\frac{S_{误}^2}{k}}=\sqrt{\frac{0.49}{3}}=0.404 \tag{5-2}$$

从 Дункан 的显著等级表中，显著性水平为 0.05[19]，等于误差 $n_2=2$ 的均方自由度的个数，并且 $p=2$、3，我们记下秩$(k-1)$的值于表 5-9 中。

表 5-9　秩的值

p	2	3
秩 r	6.09	6.09
rx	2.46	2.46

在不同的微波辐射功率下获得的高黏原油的有效黏度平均值按升序排列：

$\bar{b}^{(2)}-\bar{b}^{(0)}=7.67-3.92=3.75>2.46$，则差异很大；

$\bar{b}^{(2)}-\bar{b}^{(1)}=7.67-4.73=2.94>2.46$，则差异很大；

$\bar{b}^{(1)}-\bar{b}^{(0)}=4.73-3.92=0.81<2.46$，则差异不大。

我们对因素 C(添加剂类型)的影响进行类似的计算(表 5-10)。

表 5-10　C 因素等级的平均值

—	$\bar{c}^{(0)}$	$\bar{c}^{(1)}$	$\bar{c}^{(2)}$
C 因素等级的平均值 $Y(k=3)$	3.87	4.66	7.67

$\bar{c}^{(2)}-\bar{c}^{(0)}=7.67-3.87=3.80>2.46$，则差异很大；

$\bar{c}^{(2)}-\bar{c}^{(1)}=7.67-4.66=3.01>2.46$，则差异很大；

$\bar{c}^{(1)}-\bar{c}^{(0)}=4.66-3.87=0.79<2.46$，则差异不大。

根据离散和因素分析的结果，在进一步研究中将使用活性炭作为添加剂，并阐明微波功率和处理时间对所研究原油流动性的影响。

图 5-1 显示了添加 3%(体积)粉末状活性炭后，克拉玛依高黏原油有效黏度与微波辐射功率的相关性。如图 5-1 所示，有效黏度的最大降低对应于 500W。

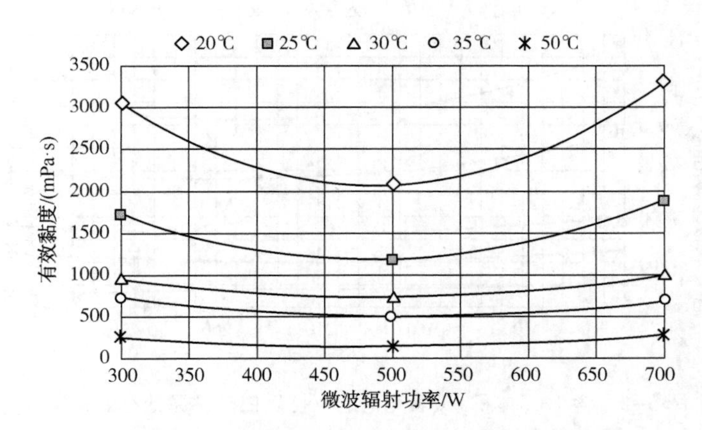

图 5-1　克拉玛依高黏原油有效黏度与微波辐射功率的关系
(处理时间 180s)

图 5-2 显示了不同数量的添加剂所研究的原油流动性的影响。实验材料证实了根据拉丁方阵设计的结果，所研究的添加剂浓度之间的差异不明显。

因此为了确定微波处理时间的影响，将其中的碳添加剂含量定为 1%(体积)(图 5-3)。

在表 5-11 中示出了在 500W 的微波辐射之后立刻测量含 1%(体积)碳填充剂的克拉玛依高黏原油温度的结果。

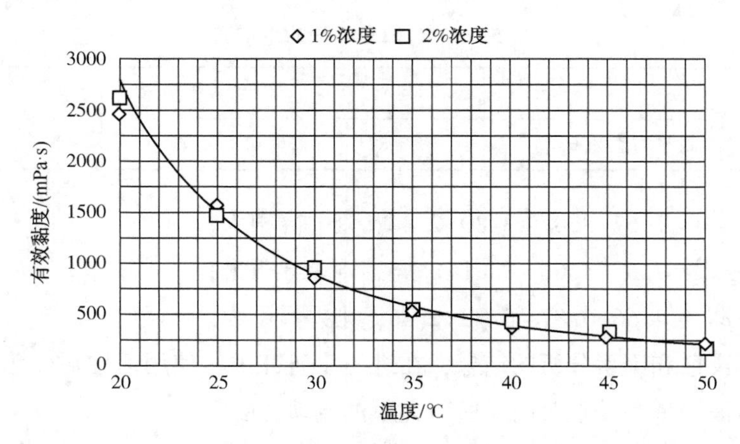

图 5-2 克拉玛依高黏原油有效黏度与其中不同体积分数的碳添加剂的关系（微波辐射的持续时间 180s，功率 500W）

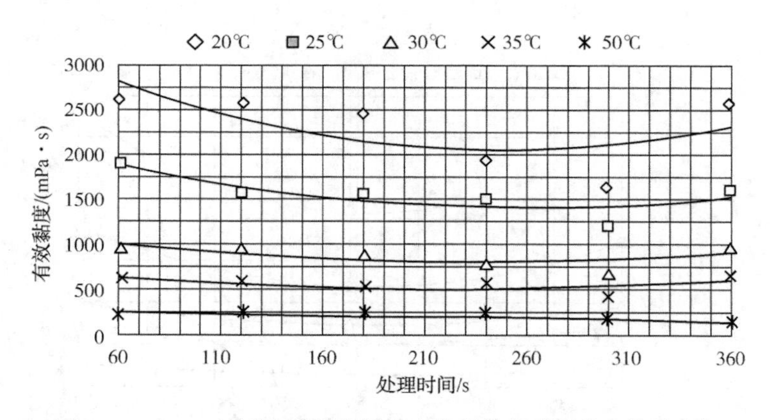

图 5-3 含 1%(体积)碳填充剂的克拉玛依高黏原油有效黏度与微波辐射持续时间的关系(功率 500W)

表 5-11 含 1%(体积)碳填充剂的克拉玛依油田高黏原油的温度值与功率为 500W 的微波辐射作用时间的关系

微波辐射作用时间/s	原油样品质量/g	原油温度/℃
60	50.4	29
120	50.1	44
180	50.3	49

续表

微波辐射作用时间/s	原油样品质量/g	原油温度/℃
240	50.2	63
300	50.6	77
360	50.3	93

从获得的实验材料可以得出，随着微波场加热时间的增加，原油的黏度首先降低，达到最小值，然后再增加。

残余物黏度变化与裂解深度关系的极端性质可以解释如下：

在微波场短时间作用的情况下，黏度的降低是由于破坏了油分子的侧链脂族结构而导致出现了更紧密的可移动的二级沥青质。原油体系黏度的随后增加是由紧密产物(碳烯和碳化物)的形成引起的，它们是黏性载体，如沥青质。

由此可见对克拉玛依油田的高黏原油进行微波加热的混合方案的技术参数最佳组合是：向其中添加1%(体积)的活性炭颗粒，在500W的微波功率下处理时间为240s。

图5-4、图5-5和表5-12显示了来自克拉玛依油田的高黏原油的有效黏度与考虑了上述建议的输送制备技术的关系测量结果。

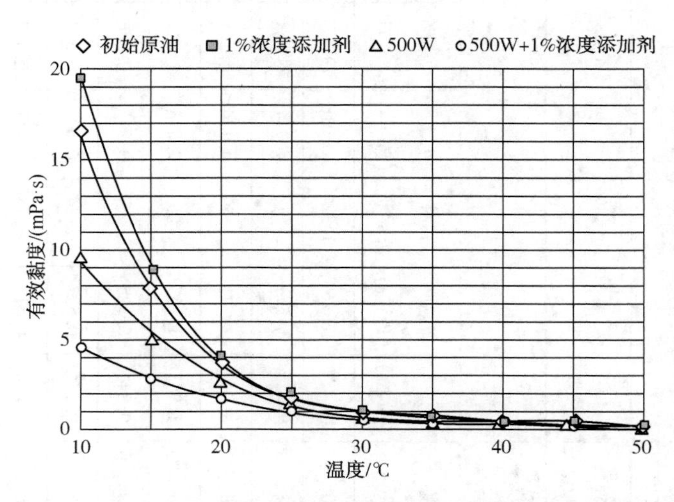

图5-4　微波处理后立即测量的克拉玛依油田原油的有效黏度与温度的关系
(微波辐射的持续时间240s)

表 5-12　克拉玛依油田高黏度油的有效黏度值与其介电加热技术的关系

工艺参数	稠油样品制备技术													
添加剂体积分数/%	0			1			0				1			
微波辐射功率/W	0			0			500				500			
辐射持续时间 τ/s	0			0			240				240			
温度/℃	$\eta_{实验}$/(Pa·s)	$\eta_{计算}$/(Pa·s)	相对误差/%	$\eta_{实验}$/(Pa·s)	$\eta_{计算}$/(Pa·s)	相对误差/%	$\eta_{实验}$/(Pa·s)	$\eta_{计算}$/(Pa·s)	相对误差/%	微波加热效率/%	$\eta_{实验}$/(Pa·s)	$\eta_{计算}$/(Pa·s)	相对误差/%	微波加热效率/%
10	16.487	16.269	1.32	20.018	19.477	2.70	9.551	9.339	2.22	42.1	4.639	4.839	-4.31	71.9
15	7.698	7.832	-1.74	8.845	8.996	-1.70	5.018	5.118	-1.99	34.8	2.916	2.823	3.20	62.1
20	3.640	3.771	-3.59	4.176	4.155	0.50	2.677	2.805	-4.76	26.5	1.646	1.647	-0.04	54.8
25	1.953	1.815	7.05	2.013	1.919	4.65	1.608	1.537	4.42	17.7	1.001	0.961	4.05	48.7
30	0.844	0.825	2.21	0.865	0.886	-2.46	0.798	0.842	-5.54	5.5	0.560	0.560	-0.05	33.6
35	0.574	0.587	-2.24	0.603	0.573	4.93	0.557	0.542	2.71	3.0	0.431	0.412	4.33	24.9
40	0.410	0.417	-1.78	0.417	0.427	-2.59	0.379	0.398	-5.13	7.6	0.292	0.293	-0.21	28.8
45	0.304	0.297	2.40	0.317	0.319	-0.56	0.278	0.293	-5.39	8.6	0.211	0.208	1.59	30.6
50	0.211	0.211	0.01	0.240	0.238	0.70	0.230	0.215	6.34	0	0.144	0.147	-2.33	31.8

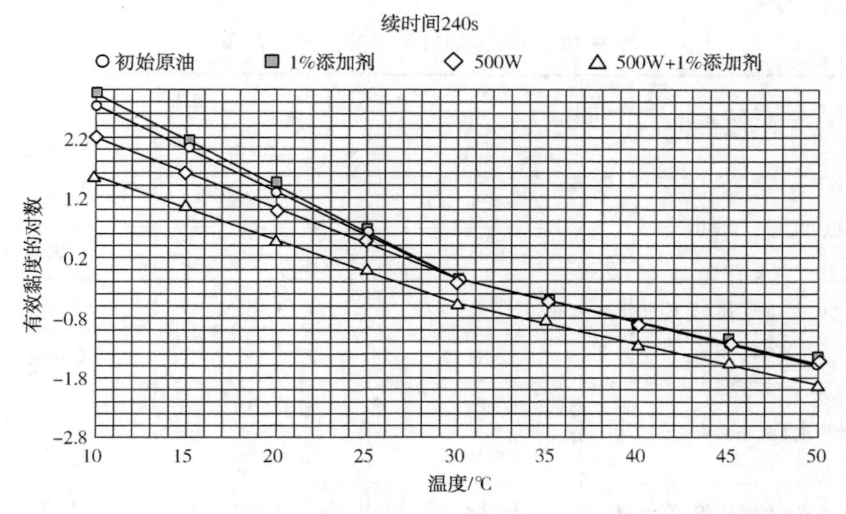

图 5-5　克拉玛依油田原油的有效黏度与温度和运输准备技术的对数关系
（微波辐射的持续时间 240s）

这些测试数据的半对数图（图 5-5）显示：

（1）已研究的影响高黏原油流动性的方案不会改变由胶质沥青质物质的结构转变引起的非牛顿特性开始时的温度 $T_{反常}$，该温度 $T_{反常}=30℃$；

（2）以 1%（体积）的量添加添加剂颗粒会稍微提高初始原油的有效黏度；

（3）微波辐射处理高黏原油在非牛顿特性的范围（即在低于 $T_{反常}$ 的温度下）内最大限度地增加了其流动性；

（4）最大限度降低有效黏度的处理方案：初始原油+微波功率为 500W，碳添加剂 1%（体积），持续时间 240s，并在整个温度范围内显示。

为了确定所研究原油的有效黏度值与温度和加工方法的关系，通过 Filonov 公式[20]近似得出实验数据：

$$\eta = A\exp(-Bt) \tag{5-3}$$

式中　A、B——系数；

t——温度，℃。

系数 A 和 B 的值在表 5-13 中显示。

表 5-13　公式(5-3)的系数 A 和 B 的值

原油制备技术	系数	温度范围	
		$t<30℃$	$t \geqslant 30℃$
初始原油，$W=0$；$\tau=0$	$A/(Pa \cdot s)$	70.193	6.385
	$B/1/℃$	0.146	0.0680
初始原油+1%(体积)添加剂，$W=0$；$\tau=0$	$A/(Pa \cdot s)$	91.309	4.454
	$B/1/℃$	0.155	0.0586
初始原油+W=500W；τ=240s	$A/(Pa \cdot s)$	31.101	4.6639
	$B/1/℃$	0.120	0.0615
初始原油+1%(体积)添加剂，W=500W；τ=240s	$A/(Pa \cdot s)$	14.221	4.550
	$B/1/℃$	0.108	0.0686

表 5-12 给出了根据公式(5-3)计算的有效黏度值与实验值的比较。

因此发现初始原油在低于相变温度的温度范围内进行微波处理后其有效黏度比仅仅微波作用下降了 1.1~1.7 倍(W=500W；τ=240s)。

将碳添加剂颗粒以 1%(体积)的量添加到初始原油中，以相同的功率和相同的辐射处理时间，有效黏度从 1.5 倍降低到 3.6 倍。

在高于 $T_{反常}=30℃$ 的温度下，油的黏度分别平均降低 1.1 倍和 1.4 倍。

因此使用球形活性炭作为添加剂在所有其他条件都相同时会显著增强热作用对原油体系胶体结构的影响，这是由于液体中“热点”的产生。

基于各种不同的影响和其中结构形成(例如原油触变-凝结结构的等温力学破坏、热处理、使用抑制剂等)的控制原理，增加原油和原油产品流动性的方法的实际价值由所谓的“记忆效应”确定。这被理解为烃液体的结构长时间保持由于先前的物理或物理化学作用而获得的结构和机械性能的能力[21]。

为了评估微波辐射对所研究原油流动性作用效果的稳定性，研究了在最佳条件下用微波辐射处理高黏原油后的“老化”时间。

为了研究克拉玛依高黏原油的“老化”过程进行了实验。添加剂含量为

1%(体积)的原油样品根据以下条件进行制备：微波功率500W，微波辐射的持续时间为240s，每隔24h测量有效黏度。在测量黏度之前，将制备的原油样品在室温(19~20℃)下保存。图5-6显示了高黏原油样品的有效黏度与“老化”时间关系的测量结果。

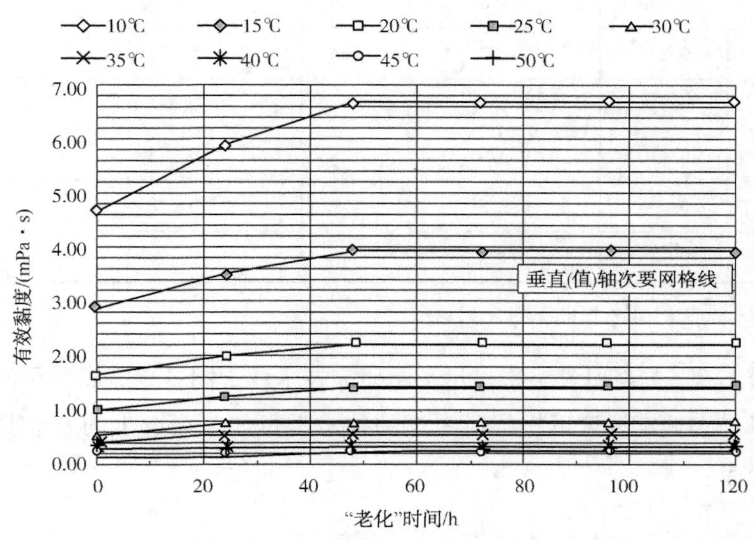

图5-6　克拉玛依油田原油有效黏度与样品“老化”时间的关系

这些实验数据表明，“记忆效应”(制备用于泵送后高黏原油的有效黏度值稳定)2d后发生，其特征是“负”异常，即由于其高分子化合物的布朗运动，原油结构单元部分恢复，因此黏度与最初获得的值相比增加了。表5-14显示了考虑到“记忆效应”的微波辐射的初始和加工后的有效黏度值。

表5-14　克拉玛依油田初始原油和考虑了“记忆效应”的原油的有效黏度值

温度/℃	初始原油有效黏度/(Pa·s)	经48h老化后被处理原油的有效黏度/(Pa·s)	效率/%	按公式(5-7)计算的经48h老化后被处理原油的有效黏度/(Pa·s)	相对误差/%
10	16.487	6.675	0.595	6.758	-1.25
15	7.698	3.926	0.490	3.858	1.73
20	3.640	2.233	0.387	2.230	0.10

续表

温度/℃	初始原油有效黏度/(Pa·s)	经48h老化后被处理原油的有效黏度/(Pa·s)	效率/%	按公式(5-7)计算的经48h老化后被处理原油的有效黏度/(Pa·s)	相对误差/%
25	1.953	1.455	0.255	1.463	-0.57
30	0.844	0.772	0.085	0.773	0.00
35	0.574	0.539	0.085	0.525 *	2.55
40	0.410	0.370		0.375 *	-1.45
45	0.304	0.275		0.278 *	-1.20
50	0.215	0.198		0.197 *	0.46

* 系指原油的有效黏度值由公式(5-6)确定。

此外，表5-14和图5-7显示了所研究技术用于制备泵送高黏原油的效率值。效率是在选定温度下根据所考虑的技术进行加工而产生的原油黏度相对降低的结果：

$$\varphi_i = 1 - \frac{\eta_i}{\eta_{0i}} \tag{5-4}$$

式中 φ_i——在选定温度 t 下微波混合加热的效率，单位为分数；

η_i、η_{0i}——微波辐射处理后的原油及初始原油的有效黏度，Pa·s。

分析所考虑提高高黏原油流动性技术的效率的图形关系(图5-7)表明，在10~30℃的温度范围内，它的值可以通过多项式的形式以可靠的概率 $R^2 = 0.998$ 近似：

$$\varphi_i = -4.519E-04t_i^2 - 7.027E-03t_i + 0.7063 \tag{5-5}$$

式中 t_i——油温，℃。

在高于30℃的温度范围内，效率可以取 $\varphi = 0.085$ 的恒定值。

已知原油制备技术的效率取决于温度，因此可以通过公式(5-6)确定其有效黏度：

$$\eta_i = \eta_{0i}(1 - \varphi_i) \tag{5-6}$$

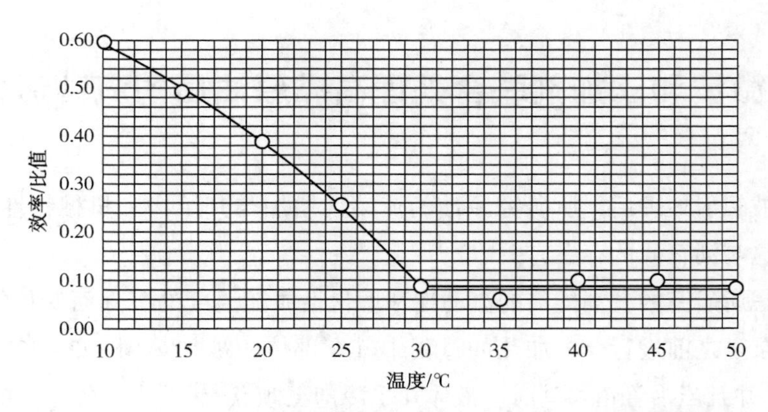

图 5-7　所研究的用于提高高黏原油流动性的技术的效率与温度的关系

在所研究原油的非牛顿性行为的温度范围内，可以使用式(5-7)，该公式等同于式(5-6)：

$$\eta_i = 0,\ 2742 \cdot \eta_{0i} \cdot \exp(0.0402 t_i)\ \text{当}\ T_{\text{反常}} \leqslant 30℃ \tag{5-7}$$

式中　φ_i——当选定温度为 t_i 时考虑到“记忆效应”的原油制备技术的效率；

t_i——油温，℃；

η_i、η_{0i}——考虑“老化”的微波辐射处理后的原油及初始原油的有效黏度，Pa · s。

表 5-12 给出了根据公式(5-6)和公式(5-7)得出的高黏原油有效黏度的计算值和实验值的比较，表明最大计算误差不超过 3%。

5.2 微波和添加剂联合处理高黏原油后的流动活化能

微波辐射处理后，所研究原油的流动性增加与其结构和机械特性的变化有关，这与沥青质的存在有关[21]。

考虑所研究的稠油样品的流动性和理化性质随温度的下降而变化的情况，因为在泵送之前进行介电加热的过程中其全部体积被加热到 323~333K(50~60℃)，并且当沿管道移动时，液体几乎冷却至倾点[22]。

随着温度的降低，原油分散系统中出现了自发过程，旨在通过以复杂结构单元为代表的分散相的释放使原油分散系统分层。根据公认的概念，复杂结构单元包括核和溶剂化壳。复杂结构单元的大小和组成取决于胶质沥青质物质的总量和原油分散系统中石蜡烃的含量、分子间的相互作用以及它们中某组组分的控制[23,24]。

当 T^*=303K(30℃)的温度时，在高黏原油中原油分散系统的胶质沥青质组分中发生一阶相变(图 5-4)，它以原油系统特性突然改变的形式被激活(超分子复合物的半径、黏度等的增加)[25]。

在温度 $T<T^*$ 时，黏度的显著差异取决于油样和所选温度，表示流动的非牛顿性质。在温度 $T>T^*$ 时，所研究的原油分散系统在保持系统结构的同时发生牛顿性质的流动，即复杂结构单元的平均尺寸及其尺寸分布在给定的剪切速率下不会发生变化[26]。

剪切流动期间复杂结构单元的破坏和形成是非牛顿流动的主要原因。在结构化流体中，有效黏度与颗粒的分散度有关，因为颗粒中的能量耗散是由于黏性分散介质在不同尺寸的复杂结构单元周围流动而产生的。复杂结构单元尺寸的增加导致系统黏度的增加[26]。

在电介质加热原油后形成的原油分散系统中，保留了原始稠油中出现的沥青质相变的"记忆"。但是，在 $T<T^*$ 的温度范围内，它们的流动性显著提高(图 5-4)。

为了弄清所研究的原油分散系统因微波处理而发生的结构变化，从

Я. И. Френкель 的液体的分子动力学理论和 H. Eyring 的活化复合物理论观点出发确定了高黏度原油样品的黏性流活化的热力学参数。

Я. И. Френкель[27] 从液体与固体的相似性出发，发展了液体的动力学理论。像固体原子一样，液体原子的运动主要是在平衡位置周围的波动。液体的流动性是通过每个原子的平衡位置是暂时的这一事实来解释的。所讨论的原子在相同的平衡位置上振动一段时间可以跳到与之相邻的新平衡位置，且该距离与相邻原子之间距离的数量级相同。

液体原子从一个临时平衡位置到另一个临时平衡位置的转移被认为是两个事件的序列：

（1）从“稳定生活”的初始位置“蒸发”到中间状态，该中间状态与由原子本身及其周围原子组成的复合体的自由能增加一定量(称为活化能)有关；

（2）从中间位置到新的平衡位置的“冷凝”，几乎瞬间释放了多余的动能，活化能被转移到该动能中。

在 H. Eyring 的理论中，没有考虑特定的粒子(原子或分子)，而是考虑了一些有效的流动要素。根据这些要素的性质，活化能也会发生变化[28]。

对于非结构化流体，黏性流动活化能在很宽的温度范围内是恒定的。对于胶体系统，在介质的结构转换过程中，存在与能量消耗相关的最大值(最小值)[21]。

由此可见，黏性流的活化能被认为是表征所研究液体的结构化程度的指标[29-31]。

根据黏性流动活化特性的变化，例如：自由能 ΔG、焓(热) ΔH 和熵 ΔS，可用于评价在外部影响之后分散系统中的分子间相互作用。命名量之间的关系由吉布斯方程建立[27]：

$$\Delta G = \Delta H - T\Delta S \tag{5-8}$$

式中　ΔG——黏性流动的自由活化能，J/mol；

ΔH——焓变(热)，J/mol；

ΔS——熵变，J/(mol · K)；

T——绝对温度，K。

吉布斯黏性流的自由活化能 ΔG 是在给定的温压条件下，1mol 液体分子从初始状态转变为活化(流体)状态所需的能量。黏性流动过程所依赖的参数等于活性 $G_{活}$、$H_{活}$、$S_{活}$ 和初始液体状态 $G_{初}$、$H_{初}$、$S_{初}$ 相应的热力学特性之差[32]。

在一般情况下，焓变 ΔH 小于黏性流 $E_{活}$ 的活化能的值，但由于再将这些值进行比较意义不大，因此可以忽略不计，并且认为 $\Delta H=E_{活}$。

在分子间相互作用水平上对原油分散系统黏度的研究得 Frenkel-Eyring 方程[27]：

$$\eta=A_0\exp\left(\frac{\Delta G}{R\cdot T}\right)=A_0\exp\left(\frac{-\Delta S}{R}\right)\exp\left(\frac{\Delta H}{R\cdot T}\right)=A'\exp\left(\frac{E_a}{R\cdot T}\right) \tag{5-9}$$

式中 η——黏度，Pa·s；

A_0——指数前因子，具体取决于分子的跳跃距离、振动频率和温度，Pa·s；

E_a——黏性流的活化能，J/mol；

R——通用气体常数，$R=8.314$J/(mol·K)；

T——绝对温度，K；

A'——系数，Pa·s。

与黏性流的自由活化能吉布斯 ΔG 不同，黏性流的活化能 $E_{活}$ 是“动能”(结构)单元因热能波动而必须从它的邻居分离的最小能量。它描述了在给定温度下，原油系统的每个结构状态下缔合复合物中键的强度。

为了确定黏性流的活化参数，方程式(5-9)以方程式(5-10)的形式表示为[27]：

$$\ln\eta=\ln A_0+\frac{\Delta G}{R\cdot T}=\left(\ln A_0-\frac{\Delta S}{R}\right)+\frac{\Delta H}{R\cdot T}=B+\frac{E_a}{R\cdot T} \tag{5-10}$$

式中 B——无量纲系数。

从实验相关性 $\ln\eta=f(1/T)$(图 5-8)中找到方程式(5-10)的参数 E_a 和 B，其值在表 5-15 中给出。

表 5-15　克拉玛依油田原油黏性油流的活化能与制备技术的关系

高黏原油制备技术	温度范围/K			
	283~303(非牛顿流体区域)		303~323(牛顿流体区域)	
	活化能 E_a/kJ/mol	系数 B	活化能 E_a/kJ/mol	系数 B
初始原油	106. 15	−42. 28	55. 47	−22. 20
初始原油+W=500W；240s	88. 35	−35. 28	55. 12	−22. 12
初始原油+添加剂 1%(体积)	109. 31	−42. 45	55. 49	−22. 25
初始原油+W=500W；添加剂 1%(体积)；240s	79. 03	−31. 93	55. 01	−22. 09
初始原油+W=500W；添加剂 1%(体积)；240s；老化 48h	81. 19	−32. 51	55. 26	−22. 21

图 5-8 显示了在存在碳添加剂的情况下，用微波辐射克拉玛依油田原油后油的有效黏度的实验值的处理过程，以图形关系 $\ln\eta=f(1/T)$ 的形式表示。

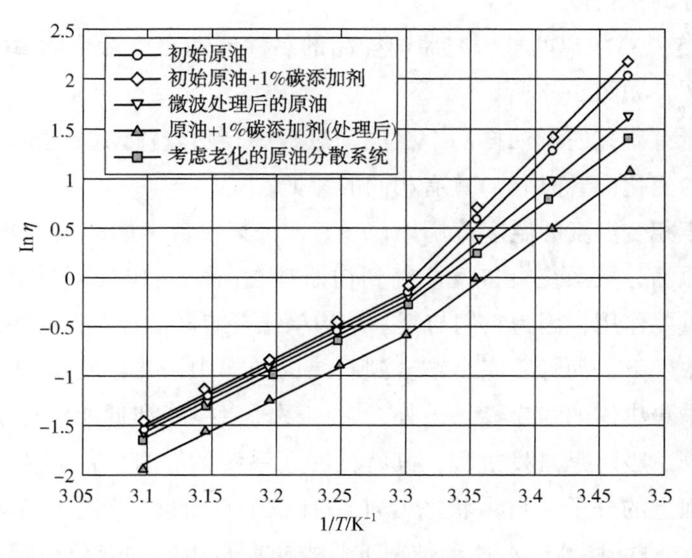

图 5-8　微波处理前后稠油有效黏度的对数与反向温度的关系

这些实验相关性的线性特征表明所选近似法的正确性，并允许确定在宽温度范围内胶体系统处于不同状态时，所研究油的黏性流的活化能值。通过可靠性 $R^2=0.998$ 评估数学模型的充分性。

但是，根据确定系数的公式得出系数 B 的值与熵 ΔS 和指数前因子 A_0 的值有关。基于原油流变学研究的结果，有学者提出了 E_a 和 B 值之间关系的表达式[32,33]：

$$|B|=\beta E_a-C=\frac{\Delta S}{R}-\ln A_0 \tag{5-11}$$

式中　$\beta=1/(R\cdot T^*)$——比例系数，mol/J，其中 T^* 为相变的绝对温度，K；

C——无量纲系数。

确定 ΔS 和 ΔG 的表达式可以从公式(5-12)和公式(5-13)中获得：

$$\Delta S=\beta\cdot E_a\cdot R \tag{5-12}$$

$$\Delta G=E_a\cdot(1-\beta\cdot R\cdot T)=E_a\cdot(1-T/T^*) \tag{5-13}$$

多组分介质的黏性流活化的热力学特性值作为所研究的原油分散系统所有化学组分的平均值。

由式(5-13)求出的被研究原油样品的黏性流动自由活化能 ΔG 的值与温度的关系图，如图 5-9 所示。

对于所有研究的稠油样品，在流动过程中，随着流动温度的降低，其系统自由能的变化(吉布斯势)具有相同的特征。

在高于相变温度的温度范围内($T>T^*$)，其中自由能的值为负($\Delta G<0$)，所研究的原油分散系统会自发恢复到初始状态[图 5-10(c)]。在此过程中，沥青质起重要作用，因为它们与复杂结构单元石蜡烃结合并以固相形式释放。

在低浓度下，沥青质完全结合到石蜡的结构中，并且胶质有助于它们在液相体积中聚集体的稳定性。另外，它们逐渐由树脂和低相对分子质量烃形成溶剂化壳。吸附是自发过程，其特征在于系统的总自由能减少，这是由于吸附在表面上的分子从自由状态 $G_{活}$(具有三个自由度)传递到被吸附的壳层 $G_{初}$(具有两个自由度)。在这种情况下，吉布斯自由能的变化模量随着温度 T 的降低而减小，并在某些时候变为零。

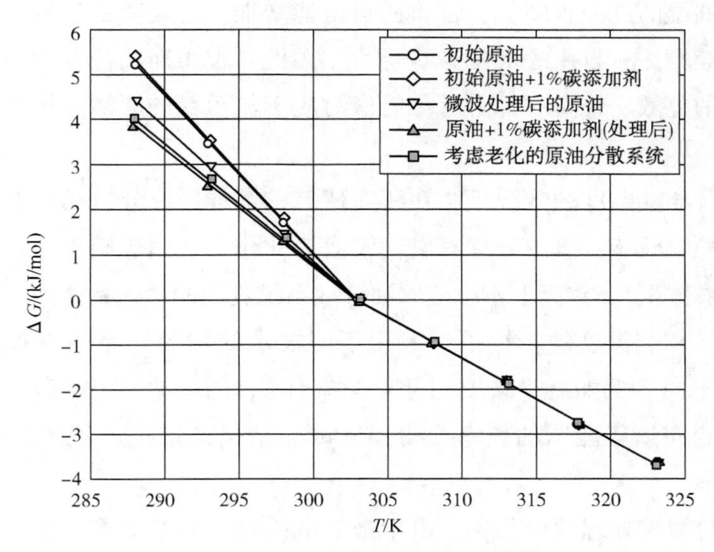

图 5-9　在恒定剪切速率下，所研究的原油分散系统黏性流的自由活化能与温度的关系

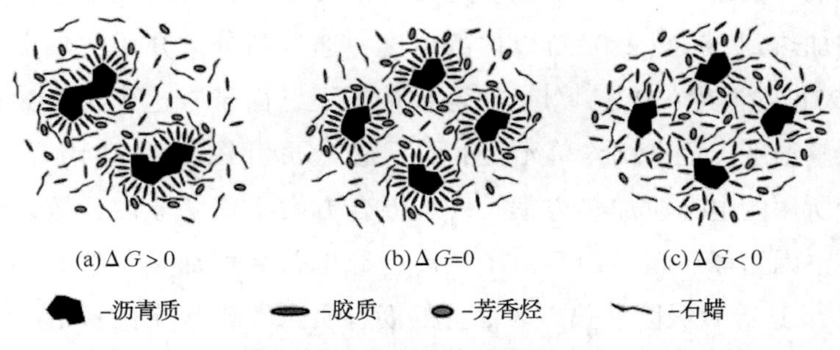

图 5-10　温度变化时原油分散系统结构中发生的过程

在 $\Delta G=0$ 时，系统处于热力学平衡状态，吸附过程达到临界状态[图 5-10(b)]。从溶剂化壳达到临界状态的那一刻起，沥青质聚集体失去稳定性，此后其凝结在能量上变得有利[图 5-10(a)]。该过程对应于热力学参数突然变化的相变。在这种情况下，吉布斯电势改变符号并变为正，这可以解释为由于不稳定聚集体的凝结和分子间相互作用力的增加而导致的分散相自由表面的减少。

随着油温的进一步降低，吉布斯自由能增加，这表明由于复杂结构单元尺寸的持续增加，自由表面的减少更大。因此，吉布斯电位的大小可以用来判断系统的色散。较高的自由活化能值对应于较粗糙的原油分散系统的分散状态。

在高于相变温度的情况下，在所有研究的油样中，分散相具有相同的尺寸并处于稳定状态，微波处理对它们没有活化作用。由于碳添加剂的体积浓度很小(1%体积)，实际上不改变原油分散系统流动的牛顿特性。

在低于相变温度的情况下，采用不同技术处理的样品的吉布斯自由能增加速率不同。例如对于碳填充量为1%(体积)的原油，由于碳吸附沥青质的能力，吉布斯势能图的斜率变得更陡峭，结果系统进入了更为粗糙的分散状态。

在经过微波处理的样品中，由于微波电磁场在复杂结构单元上的作用而观察到 ΔG 的生长速率降低，而复杂结构单元则由于热分解而分裂，这有助于原油分散系统转变为更精细的分散状态。

在原油分散系统液相内部微波电磁场的影响下，形成复杂结构单元的沥青质核被加热到553K(280℃)以内的温度，通过与分散介质的热交换将其加热到约323K的温度(50℃)[34]。在这种情况下，由于未达到723K(450℃)的沥青质裂解温度，复杂结构单元发生了不完全分解[图5-11(b)]。

比较所用的电介质加热方案，发现混合方案实现了原油分散系统结构的更深转换，因为球形碳添加剂由于较高的介电常数而加热到约543K(370℃)的温度[34]。这导致吸附在热点表面上的沥青质深度破坏[图5-11(a)]。

在经历“老化”过程的样品中，观察到吉布斯电势略有增加，这是原油分散系统破坏后其凝结结构部分恢复的结果。

如已经指出的，在固定流中，其颗粒的结构和取向的破坏同时发生。这两个过程都需要消耗能量，因此，ΔH 的值始终为正，并且 ΔS 具有不同的符号，具体取决于流动过程中占优势的过程。如果在中间状态下复杂结构单元的顺序比初始状态下的杂乱，那么流动与结构的破坏相关，黏性流动的活化熵为正。如果在流动过程中新的有序结构的形成起主导作用，那么黏性流动的活化熵将为负。

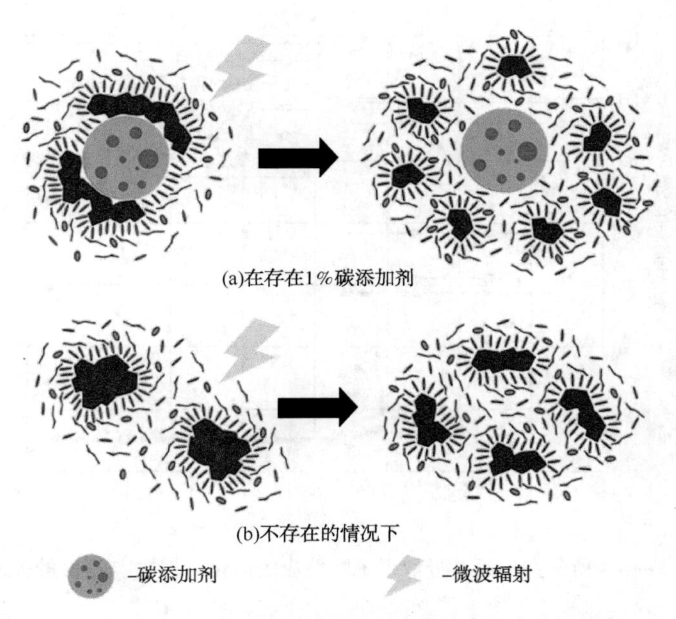

图 5-11 微波处理导致的原油分散系统的结构变化

图 5-12 和图 5-13 显示了所研究的原油分散系统样品黏性流的活化熵和焓与温度的关系。

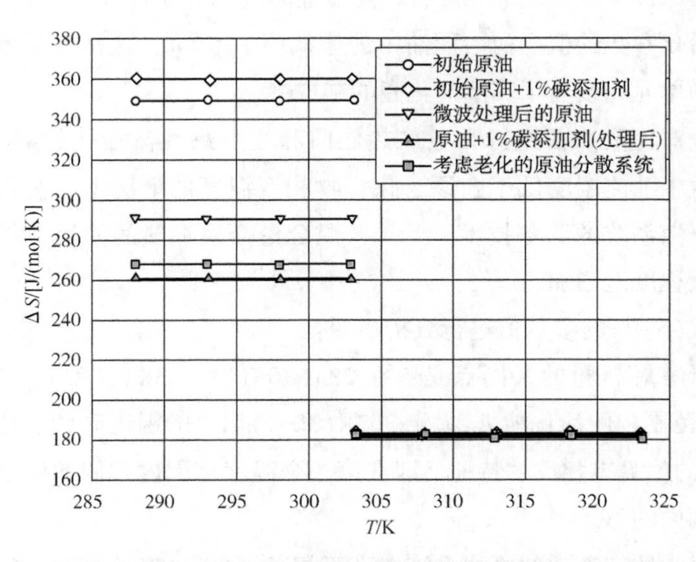

图 5-12 所研究的原油分散系统黏性流的活化熵与温度的关系

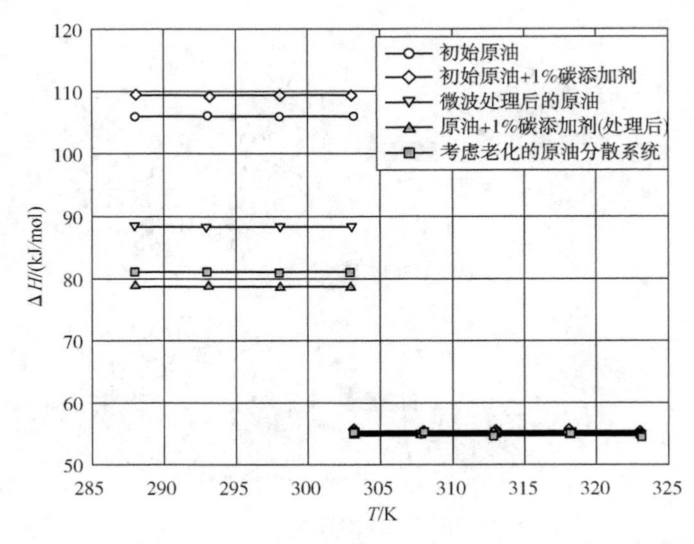

图 5-13　所研究的原油分散系统黏性流的活化焓(热)与温度的关系

由图 5-12、图 5-13 可以看出，对于具有恒定剪切速率的流，在所有研究的原油分散系统中，结构破坏过程均占主导地位。介电加热后，在非牛顿流的温度范围内观察到稠油的流动性有所改善，其中黏性流的活化熵和焓降低，这表明原油分散系统的强度特性降低而系统的有序性升高。

这些活化参数的值比初始稠油中的值低(约 25%)，这是由于形成了较小的复杂结构单元并改变了其溶剂化壳的结构。

因此，对比重油在进行介电加热之前和之后黏性流活化的热力学特性，建议在管道中油流温度低于杂原子化合物相变温度的情况下，使用这种用于泵送原油分散系统的制备技术。此外，混合电介质加热的使用使得商业稠油流动性更大程度地增加。

对公式(5-9)的参数值进行分析表明：

(1) 所考虑材料的共同点是：在 283(10℃)～303K(30℃)(非牛顿流区域)的温度范围内的活化能 $E_{活}$ 大于 303K(30℃)以上的温度时的活化能。指数前因子 A^* 的值具有相反的特征，即在第一个温度范围内它们的值小于在第二个温度范围内的值。

(2) 对于所有考虑的原油系统在高于相变温度[303K(30℃)]的温度下活

化能差别不大，但胶体系统的沥青质颗粒大小不同，如指数前因子的值 A^* 所证明的那样，与它们的流体力学半径相反[31]。

(3) 在其牛顿特性的温度范围内，初始稳定稠油的特征是黏性流的能量值较高(55.5kJ/mol)。因此可以认为该胶体系统的基本微粒是具有杆或环结构的稳定纳米团簇，其是由于沥青质分子的偶极-偶极相互作用而形成的。胶质分子或者被结合到这些纳米颗粒的结构和机械屏障中，从而阻止了它们的统一，或者在原油的液相中处于游离状态。

(4) 在相变点以下的温度下活化能突然增加(达 104.4kJ/mol)是由于胶体形成的出现，而扩展结构单个颗粒的大小显著增加，这可以通过计算系数 A^* 的最小值来证明[21、35]。

(5) 在微波混合处理稠油之后其非牛顿行为区域中的流动活化能水平立即降低，这表明与初始状态相比，原油体系沥青质纳米颗粒尺寸减小了。这是由于在附加“热点”条件下进行微波处理而使原油胶体聚集体分散所致。

(6) “老化”后形成的高黏原油平衡结构的特征在于活化能相对于初始状态略有增加。这是由于在储存过程中由于不饱和烃的聚合反应而导致分散颗粒尺寸的增加。

(7) 发现微波处理由于沥青质的热分解而导致其分解，原因在于：复杂结构单元的尺寸减小，原油分散系统的强度特性减小，并且在沥青质相变温度以下的温度范围内系统的有序性增加。

(8) 结果表明：在相同的工艺参数下，使用碳添加剂的混合电介质加热可在更大程度上改善稠油的流变特性。

参 考 文 献

[1] Гринько А А. Серусодержащие структурные фрагменты смолисто-асфальтеновых компонентов [D]. Томск: Ин - т химии нефти СО РАН, 2011.

[2] Батуева И Ю, Гайле А А, Поконова Ю В. Химия нефти[M]. Ленинград: Химия, 1984.

[3] Быков Ю В, Рыбаков К И, Семенов В Е. Микроволновая высокоте-

мпературная обработка материалов. Часть 1. Вакуумная СВЧ электроника：сборник обзоров［M］. Нижний Новгород：Институт прикладной физики РАН，2002.

［4］Ахназарова С Л，Кафаров В В. Методы оптимизации эксперимента в химической технологии［M］. 2-е изд. Москва：Высш. шк.，1985.

［5］王程姣. 四氧化三铁及其复合纳米材料的制备以及在催化和能源存储中的应用［D］. 扬州：扬州大学，2014.

［6］王玉芬，乔锁田. 黄河水中石油类污染物质的活性炭吸附处理初探［J］. 山西建筑，1999，（2）：153-155.

［7］王玉芬. 粉末活性炭去除水中微量石油类的试验研究［J］. 太原科技，1999，（3）：10-12.

［8］关禄节. 分子筛在石油化学工业中的应用［J］. 化学世界，1965，（9）：394-395.

［9］顾天雁. 石油化工用的一种新分子筛催化剂［J］. 石油炼制与化工，1995，（4）：69.

［10］李景华，张小满，高廷耀，等. 粉末活性炭吸附技术研究［J］. 安徽科技，1997，（4）：51-53.

［11］李裕华. 粉末活性炭去除水中石油类污染物的效果分析［J］. 科技信息，2012，（13）：419.

［12］柳方. 分子筛催化剂在石油化学工业中的应用［J］. 化学世界，1965，（1）：35.

［13］慕旭宏，王殿中，王永睿，等. 纳米分子筛在炼油和石油化工中的应用［J］. 催化学报，2013（1）：69-79.

［14］翟明. 分子筛在石油化学工业中的应用［J］. 石油化工，1976（3）：315-317.

［15］张焕伟，李福安，莫婉湫. 粉末活性炭对水中石油类的吸附性能研究［J］. 城镇供水，2011，（5）：72-74.

［16］沈晓洁. 沸石分子筛的发展及在石油化工中的应用［J］. 辽宁化工，1997，（3）：139-140.

[17] 朱炳辰，翁惠辰，朱子彬. 催化反应工程[M]. 北京：中国石化出版社，2000.

[18] Шенк Х. Теория инженерного эксперимента[М]. Москва：Мир，1972.

[19] Хикс Ч. Основные принципы планирования эксперимента[М]. Москва：Мир，1967.

[20] Oscar E M，Carol O，Sergio H L，et al. Nanotechnology Applied to Thermal Enhanced Oil Recovery Processes：A Review [J]. Energies，2019，24(12).

[21] Евдокимов И Н，Елисеев Ю Н. Неоднозначность состояний асфальтеносодержащих жидких сред[J]. Наука и технология углеводородов，2002，(2)：22-26.

[22] Марон В И，Гидродинамика однофазных и многофазных потоков в трубопроводе[М]. Москва：МАКС Пресс，2009.

[23] Сюняев З И，Сафиева Р З，Сюняев Р З. Нефтяные дисперсные системы[М]. Москва：Химия，1990.

[24] Манжай В Н，Кулышкина С Г，Чеканцева Л В，и др.. Состав и структура высоковязких нефтей различных месторождений[J]. Известия высших учебных заведений. Нефть и газ，2018，(1)：112-118.

[25] Ганеева Ю М，Юсупова Т Н，Романов Г В. Асфальтеновые наноагрегаты：структура，фазовые превращения，влияние на свойства нефтяных систем[J]. Успехи химии，2011，80(10)：1034-1050.

[26] Матвеенко В Н，Кирсанов Е А. Структурное обоснование неньютоновского течения[J]. Вестник московского университета. серия 2：химия，2017，58(2)：59-82.

[27] Френкель Я И. Кинетическая теория вязкости[М]. Ленинград：Наука Ленингр. отд.，1975.

[28] Бартенев Г М，Зеленев Ю В. Курс физики полимеров[М]. Ленинград：Химия，1976.

[29] Лисин П А, Мусина О Н, Кистер И В. Структурно－механическая и термодинамическая характеристики биойогурта [J]. Техника и технология пищевых производств, 2014, (1): 54－59.

[30] Михеев М М, Михеев Д М. Изменение температурных зависимостей и энергии активации смеси усинской и ярегской нефтей с помощью вибрационного вискозиметра SV－10 [J]. Приоритетные научные направления: от теории к практике, 2016, 24(2): 15－22.

[31] Туманян Б П. Научные и практические аспекты теории нефтяных дисперсных систем[M]. Москва: Техника, 2000.

[32] Тагер А А. Физико－химия полимеров(4－е издание, переработанное и допополненное)[M]. Москва: Научный мир, 2007.

[33] Масимов Э А, Пашаев Б Г, Гасанов Г Ш, и др.. Параметры активации вязкого течения воды, тяжелой воды и сверхтяжелой воды[J]. Успехи современного естествознания, 2015, (10): 32－35.

[34] Цао Бо, Челинцев С Н. Исследование совместного воздействия микроволнового облучения и наполнителя на текучесть товарной высоковязкой нефти [J]. Промышленный сервис, 2016, 60 (3): 16－20.

[35] Евдокимов И Н, Елисеев Ю Н. Долгоживущие в метастабильных состояниях коллоидные структуры нефтяных остатков / И. Н. Евдокимов[J]. 2005, (3): 45－47.

第6章　微波和添加剂联合加热高黏原油的应用研究

6.1　微波和添加剂联合加热高黏原油的体积温度分布

微波电磁场加热混合方案基于已开发的增加高黏原油流动性的技术，该方案为吸收微波辐射弱的稠油提供了额外的热源[1,2]。

如前所述，选择基于天然材料的粉末状碳添加剂(具有发达的多孔结构和高微波吸收率的活性炭)作为此类加热源(表5-3)，这种添加剂有较高的加热温度是因为：最初由于大孔体积中的击穿现象而使多孔碳材料的表面受热，然后只有固体对微波辐射的吸收才会引起温度升高[3-5]。因此得到的原油体系可归入宏观的不均匀电介质，在这种电介质中，根据介电常数的分布建立了电场的分布。

由于原油的特性是导热系数低，因此在微波加热过程中会出现局部过热(“热点”)区域，因为释放在添加剂颗粒上的热量没及时均匀地分布在处理后的稠油体积中。

本章研究一种高黏原油在微波电磁场混合加热时的热力学模型。

所使用的碳添加剂每单位质量的比表面积大、吸附能力强，因此可以假设在高黏原油中的添加剂颗粒周围会形成边界(表面)层，其特征在于有效厚度，超过该值局部特性与其体积值的偏差就变得微不足道了。稠油胶质和沥青质是固体表面上这些层的主要结构形成元素。边界层的厚度取决于固体表面的性质，可以达到5μm[6]。

因此，在混合加热时的稠油模型是一个原油分散系统，该系统由均匀分布在其体积上的带胶质沥青质物质表面层的球形添加剂颗粒(分散相)和周围的脱沥青油(连续相)组成。在上述假设下，方程组(4-31)和方程组(4-32)可用于确定高黏原油的分散相和连续相的温度。

对于具有少量分散相球形颗粒(体积分数为1%)的两组分各向同性合成物，可以使用麦克斯韦-加内特方程[7]确定有效介电常数ε_{eff}:

$$\varepsilon_{eff}=\varepsilon'_2+3f\varepsilon'_2\frac{\varepsilon'_1-\varepsilon'_2}{\varepsilon'_1+2\varepsilon'_2-f_1(\varepsilon'_1-\varepsilon'_2)} \tag{6-1}$$

式中 ε_{eff}——基质混合物(含添加剂的原油)的有效介电常数；

ε'_1——分散相的介电常数；

ε'_2——矩阵的介电常数；

f_1——分散相的体积分数。

建立微波电场的平均强度E和连续相的电场强度E_2之间的关系使用公式(4-11)，而分散相粒子中的电场强度E_1与液相中的电场强度E_2之间的关系由式(4-12)决定。

考虑到沥青质的介电常数值接近所选碳添加剂的介电常数，假设原油系统模型的分散相颗粒由直径$d=10\mu m$、边界层厚度为2.5μm的球形活性炭颗粒组成，其特征为添加剂的介电常数$\varepsilon'_1=3.24$。

克拉玛依油田的脱沥青油的介电常数值是根据第4章第4.5节中所述的方法确定的，其值取决于温度，如表6-1所示。

表6-1 克拉玛依油田脱沥青油在2450MHz频率下的介电常数的测量结果

温度/℃	25	33	43	52	62	67	73
介电常数	2.25	2.26	2.36	2.40	2.36	2.40	2.44

从表6-1可以看出，脱沥青油的介电常数的值与温度有关，但关系不大。因此为了进行进一步的计算，使用其平均值$\varepsilon'_2=2.35$，并且取脱沥青油的介电损耗为0.04。

表6-2中示出了用于根据表达式(4-32)计算传热系数α的初始数据以及根据方程式(4-31)和方程式(4-32)计算高黏原油的体积中温度分布的数据。

表 6-2　用于计算微波场作用下含添加剂的克拉玛依油田高黏原油体积内温度分布的初始值

参数	相		备注
	活性炭	脱沥青油	
密度 ρ/(kg/m^3)	1800	820	[8]
比热容 C/(J/kg·℃)	900	1600	[8]
活性炭微粒半径 r/m	7.50×10^{-6}	—	[4]
添加剂体积分数/%	1	—	—
介电常数	3.24	2.35	—
介电损耗	24.30	0.04	—
含添加剂原油的有效介电常数计算值	2.36		公式(6-1)
微波加热功率/W	500		—
谐振器内的平均电场强度 E/(V/m)	1.00×10^{4}		[9]
频率 ω/Hz	2.45×10^{9}		—
电气常数/[A^2·s^4/(kg·m^3)]	8.85×10^{-12}		—
初始温度 t_0/℃	21		实验

传热系数 α 的计算结果示于表 6-3。

表 6-3　传热系数 α 的计算结果

微波作用时间/s	原油样品质量/g	温度测量值 t_2/℃	传热系数 α/[W/(m^2·℃)]
240	50.3	63	0.16
180	50.1	49	0.17
120	50.0	44	0.18

为了进一步计算，取传热系数的平均值 $\alpha=0$，17[W/(m^2·℃)]。

在表 6-4 中给出了微波作用时含有 1%(体积)碳添加剂的高黏原油模型的分散相颗粒和分散介质的温度计算结果。

液相温度 t_2 的计算值与实测值的比较证明了开发的稠油热力学模型在其微波混合加热时的适当性，因为确定该温度的误差不超过 9%。

由此，可以假设在碳添加剂颗粒的表面附近，所研究原油的高黏度载体胶质和沥青质的“松散”结构热分解随着更紧密的二级沥青质的形成而发生。结果形成了具有精细分散的固相的胶体原油系统，其通过该原油在其混合微波加热之后的黏性流活化能的计算所证明。此外，高相对分子质量的杂原子化合物的纳米颗粒尺寸减小，结果在“热点”温度为 370℃ 左右的加热温度下，形成流动性提高的原油分散系统(表 6-4)。

表 6-4　含 1%(体积)碳添加剂的
克拉玛依油田高黏原油体积温度分布的计算结果

微波辐射作用时间/s	原油样品质量/g	温度计算值/℃		温度测量值 t_2/℃	t_2 的相对误差/%
		碳添加剂	液相		
120	50.1	341.53	40.32	44	8.36
180	50.3	354.73	51.82	49	-5.75
240	50.2	366.38	63.33	63	-0.53
300	50.6	377.91	74.85	77	2.79
360	50.3	389.43	86.37	93	7.13

所研究的稠油微波加热技术类似于减黏裂化-液相热裂化，这是为了降低焦油沥青、稠油、燃料油等黏度而对原油体系进行浅分解的过程(440～500℃，压力为 1.4～3.5MPa)，其深度受结焦开始温度的限制[10-12]。

但是在微波混合加热方案下，由于微波辐射的“非热”效应，高黏原油的黏度在比减黏裂化低的热解温度下降低，这降低了高分子化合物分解反应的活化能。在第 4 章中研究了微波辐射的“非热”效应对稠油中高分子碳氢化合物和非碳氢化合物成分的影响。

计算表明：采用混合加热稳定稠油的方案，其高分子化合物的热破坏温度比不稳定高黏原油微波电加热时高约 100℃(第 4 章)。

已知热解的质量受稠油烃的组成，尤其是多环芳烃的含量影响最大。芳香烃中原料的富集显著提高了其热稳定性。因此与先前研究的不稳定原油分散体系相比，在稳定的克拉玛依原油的微波热解中使用添加剂可能会导致分散介质中芳烃含量更高。例如该原油中的芳烃含量比吐哈油田的不稳定原油中的芳烃含量高1.6倍。

原油组分在液相中的分子分裂具有许多特征。首先原油的液相热解的总结果受到“细胞效应”的显著影响。由于分裂分子处于其他分子（“细胞”）的紧密环境中，因此液相中烃键的溶血性断裂不会导致两个不耦合自由基的快速形成。因此，形成的自由基必须接受额外的能量–扩散的活化能，该能量的值取决于自由基与周围分子之间的分子间相互作用的性质。

如果烃分子被芳烃的极性分子包围，则扩散活化能将更高，这是由于周围分子之间的较强分子间相互作用以及它们与形成的自由基之间的强相互作用。

在芳香化的分散介质能够很好地溶解沥青质的情况下，随着高黏原油杂原子化合物的凝结形成了三维结构化体系，内部存在烃介质分子。它们在主体中保留的时间更长，不会沉淀成单独的相，并且会经历更进一步的化学转化（侧链断裂、形成大块的缩聚芳香族结构等）。

因此，与烃类含量较低的不稳定稠油相比，稳定稠油的裂化需要更多的热能，这是因为烃扩散的活化能增加以及高黏原油杂原子化合物更进一步的化学转化，在电介质加热的情况下导致必须使用添加剂。

6.2 微波和添加剂联合加热高黏原油管道输送的经济性分析

在高黏原油的管道运输技术中，加热输送是当今使用最广泛的技术[13-15]。

在“热”泵送稠油过程中，首先在输油首站的油罐中被加热到可以通过增压泵将其抽出的温度。然后流动温度在加热炉中上升并进入主泵站泵机组，其将加热的液体抽入干线管道。当原油沿着干线管道移动时，由于与周围环境的热交换，原油会冷却，因此，根据热力和水力计算，将沿其路线25~100km安装加热站，这些加热站可与中间泵站合并设置，也可以分开设置。为了提高输送的高黏原油的流动温度，使用安装在加热站的直接加热炉中燃烧的碳氢化合物的能量。在热油管道终点，将高黏原油存入装有加热系统的油罐[13-16]。

尽管已广泛使用该技术来减少高黏原油通过管道运动时的摩擦压头损失，但它仍然存在严重的缺点：燃烧部分泵送的原油；燃烧产物对空气的污染；在没有昂贵的热绝缘的情况下，不可能在海底管道上使用该技术；加热设备的能源效率和可靠性低。

对高黏原油的微波加热进行的研究表明：利用电介质加热来增加稠油的流动性使得有可能放弃其热输送或降低原油的预热温度。

当这项技术以工业规模实施时，稠油可以在等温条件下作为常规的低黏度液体通过干线管道泵送。结果改善了高黏原油管道运输的技术和经济指标，提高了运输过程的操作可靠性和可控性，减轻了环境负担等。

考虑实施已开发的微波技术应用于制备通过干线管道运输的稠油。

由于高黏原油在泵入干线管道之前只能通过微波场处理一次，因此必须在输油首站对其进行此操作。在这种情况下可以使用循环作用设备或连续作用设备。设备运行方式的选择取决于工作腔的设计以及磁控管在其中的分布。

稠油的循环微波处理可以在输油站的油库中进行。由于磁控管的单位功率较大，这就需要将多个微波能量源至少放置在三个容器中(第一个用来加工原油，第二个用来抽出，第三个备用)，并沿不同方向发射电磁波并配备水冷系统。然而这种循环作用装置的创建使两个磁控管的维护以及完成在储罐自身运行期间进行的必要工作变得复杂。此外不可能使用浮桥和浮顶来减少蒸发损失，从而增加油库的气体污染程度等。因此，当稠油通过输油首站的工艺管线时进行处理是适当的，即使用连续作用设备。

稠油连续微波电热装置应安装在增压泵和主泵站之间的输油首站的工业现场。它包括一个工作室、一个微波能源和一个电磁场传输线。

设备工作室的体积谐振器应为圆柱形(由一根金属管制成)，其内径较小的陶瓷管道与高黏原油流同轴放置。选定的内部管道材料可以承受高温并且对电磁辐射透明。设备的工作室水平安装在地面的支撑上。

考虑为所采用的设备流路设计选择电磁场源数量的问题。如前所述，不稳定高黏原油(*CII*>0.9)的微波电热法的特征是高功率(2kW)的电磁场短时间(60s)作用。因此在这种情况下使用由一个高单位功率磁控管形成电磁场的集中微波源是适当的。为了减少工作室的长度(该工作室的长度取决于其中的高黏原油的流速)，可以安装并联几个。

这种解决方案的优点在于：在这种情况下不存在使相邻磁控管的工作模式彼此匹配的问题。

除了难以在具有高黏原油流的陶瓷管道整个长度上产生均匀的热量释放之外，使用高功率磁控管的缺点还包括：

(1) 它们对反射功率的敏感性和对水冷却的需求；

(2) 高成本，是同等数量的低功率微波源成本的许多倍。

图 6-1 显示了具有集中微波场源的框图。

对于稳定的稠油(*CII*<0.9)，如上所述有必要使用带有碳添加剂的混合微波加热方案。与处理不稳定的高黏原油相比，该技术的特点是在较低功率的电磁场中具有更长的持续时间。因此，建议使用由多个磁控管产生的微波能量分布源的连续作用设备，它们中的每一个都通过单独的传输线连接到工作室。分布式微波能源的优点是：

(1) 容易在加工的油流中产生均匀的热量释放；

(2) 可以关闭某些磁控管灵活控制处理过程；

(3) 单位功率(1kW)的低功率磁控管比功率为几千瓦的磁控管便宜。

图 6-2 显示了具有分布式微波能源的连续作用装置的方框图。

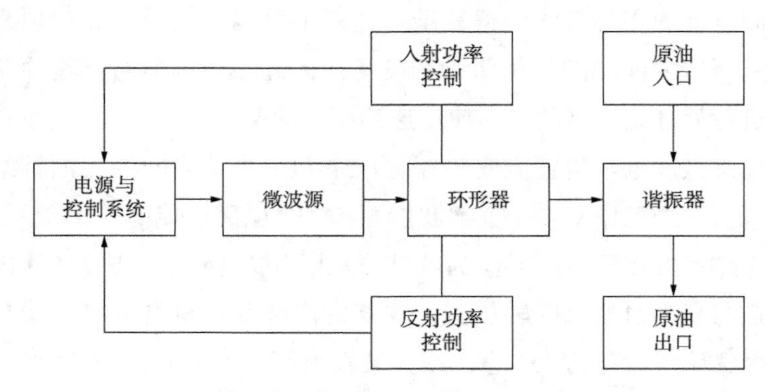

图 6-1　具有集中微波场源的连续作用装置的方框图

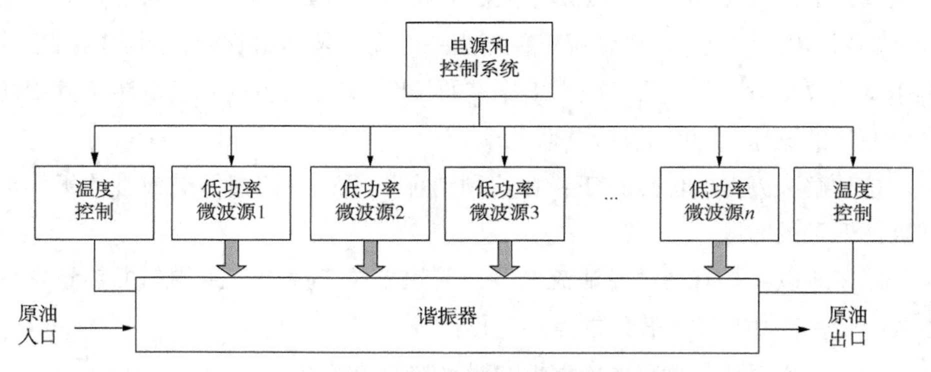

图 6-2　具有分布式微波能源的连续作用装置的方框图

对于以 2450MHz 频率运行的电磁场低功率源，通常使用横截面为 90mm×45mm 的单模波导作为将微波能量提供给带有被处理介质的谐振腔的线。

当实施介电加热混合方案时必须预见到用于将碳添加剂注入高黏原油流中的节点。通过计量泵将碳添加剂以悬浮在烃类液体或酒精(以获得悬浮液的低倾点)中的形式注入设备工作室前面的湍流稠油流中。在添加剂注入节点的技术方案中必须预见到有可能搅拌此设备供料罐中的悬浮液以平衡其体积中的活性炭浓度。

为了确定经过微波处理的高黏原油与加热运输相比较的合理性，根据管道的热力和水力计算评估了所考虑的投资项目的经济效率。通过非等温管道泵送胶质沥青质总含量为48.1%、倾点为18℃的高黏原油。

该原油的微波处理在与PTB-10加热炉通过能力相当的(125kg/s)设备上进行。长度为8m的设备工作室由直径为1.4m的金属管制成，内部装有与高黏度油流同轴的直径较小(1.2m)的陶瓷管。内部管道的选定材料可以承受高温并且对电磁辐射透明。微波场的能量由8个磁控管通过波导提供给谐振器，每个磁控管的功率为60kW(2450MHz)，其连接点位于设备外管的表面上，螺距为0.75m。该设备水平安装在地面上支架上并安装在主泵站的入口处。

对于微波设备的上述参数，对随着流体在其谐振器中移动而引起的油温变化进行了数学建模。计算表明：采用这种微波处理技术，原始沥青质含量的95%被破坏了。表6-5列出了在设备产生的微波电磁场的作用下，稠油沥青质的破坏阶段和原油分散系统液相温度的变化。

表6-5 微波处理通过干线管道输送稠油的装置横截面温度图

初始原油	脱沥青油
微波源1处的分布	
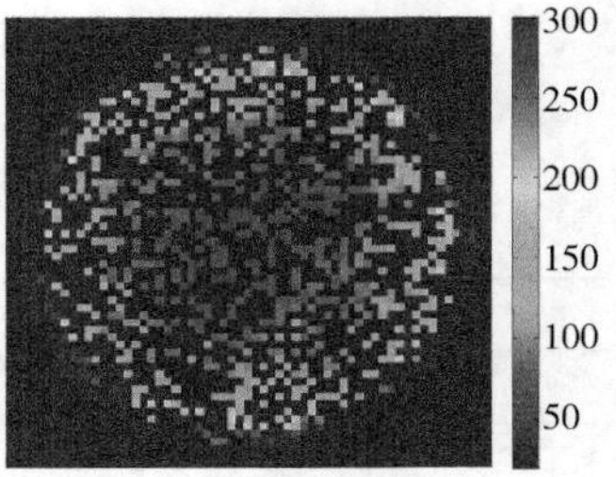 300 250 200 150 100 50	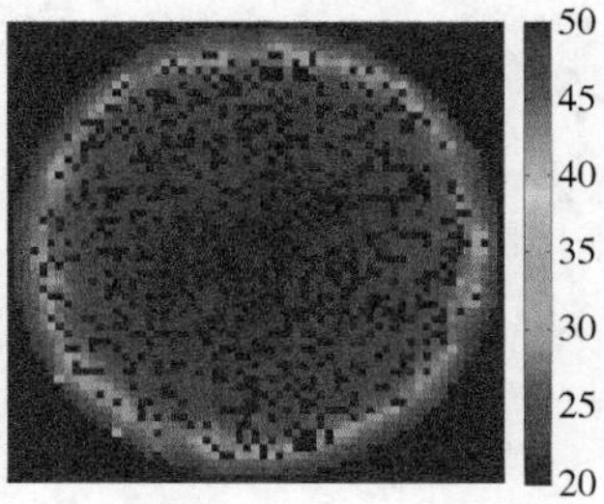 50 45 40 35 30 25 20
微波源4处的分布	
 300 250 200 150 100 50	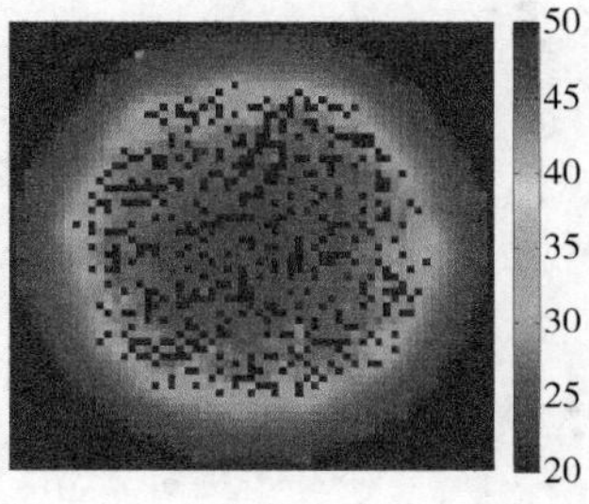 50 45 40 35 30 25 20

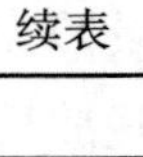

续表

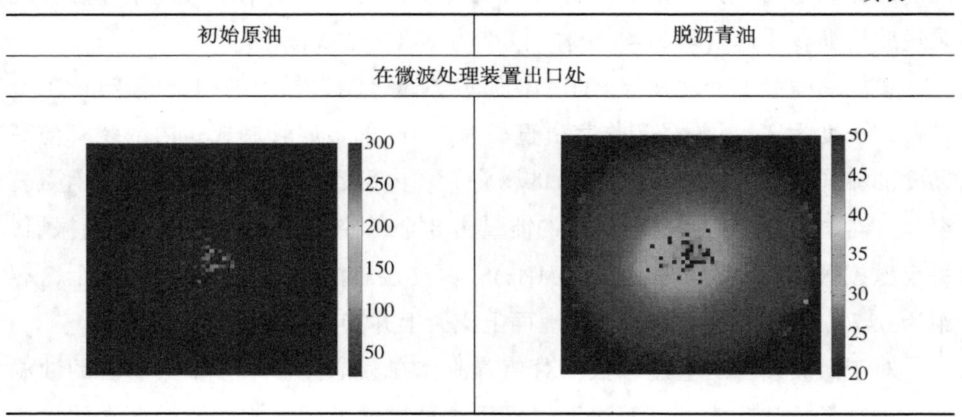

初始原油	脱沥青油
在微波处理装置出口处	

如前所述，对稠油进行微波处理的特点不仅在于其高分子成分的热转化，而且还在于对油分散系统整个体积的加热。

对在实验室条件下用上述流通装置参数的微波处理过的稠油样品进行流变学研究，使我们能够获得微波辐射后其有效黏度（在 $1.2s^{-1}$ 的剪切速率下）与温度的关系。实验结果显示在图 6-3 中，该图显示了对于初始稠油的相似关系。

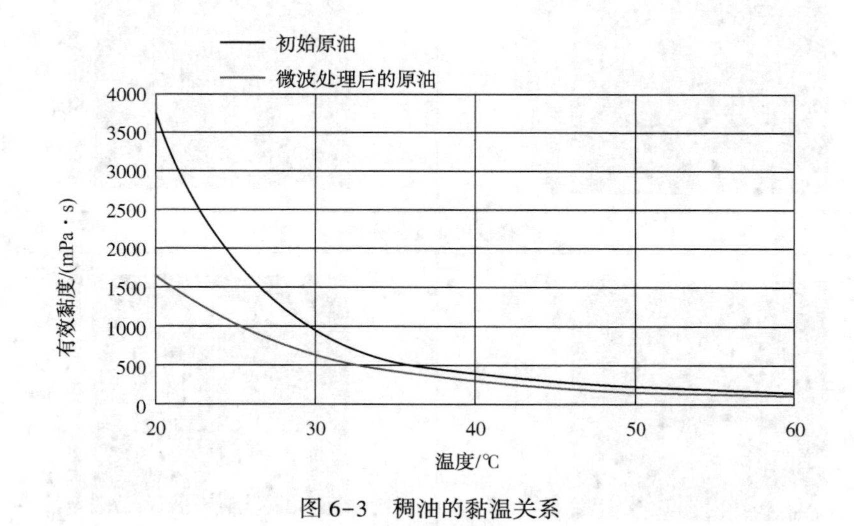

图 6-3　稠油的黏温关系

根据参考文献[17]中所述的方法，利用管道和被输送稠油的特性对输油管道进行了热力-水力计算，在表6-6中列出。

表6-6　输油管道的热力-水力计算的原始数据及其结果与输送工艺的关系

参数名称	输送技术	
	加热输送	微波处理
原油质量流量/(t/a)	7.50×10^4	
原油管道内直径/m	0.70	
原油管道外直径/m	0.72	
管道长度/km	72.00	
地理高差 ΔZ/m	0.00	
管道平均埋深/m	1.20	
土壤导热系数/[W/(m·K)]	1.70	
金属管道导热系数/[W/(m·K)]	45.00	
t=20℃时原油密度/(kg/m^3)	930	
原油比热容/[J/(kg·K)]	1950	
原油体积膨胀系数/(1/℃)	8.31×10^4	
管道轴线深度处的土壤温度/℃	0.00	
原油制备装置有效作用系数/比值	0.70	0.90
原油倾点/℃	18	14
管道起点原油温度/℃	53*	45
管道终点原油温度/℃	24*	20*
t=10℃时原油运动黏度/St	176	49.50
t=60℃时原油运动黏度/St	1.60	1.10
抗汽蚀水头/m	50.00	
压头总损失/m	740*	476*

*系指值是被计算出来的。

表 6-6 以及图 6-4 和图 6-5 中显示了加热站之间输油管道的热力和水力计算结果。

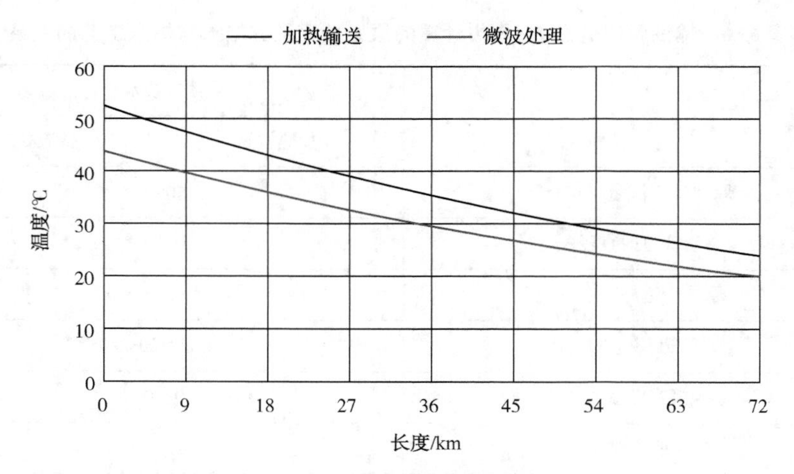

图 6-4　油温沿管道长度的分布

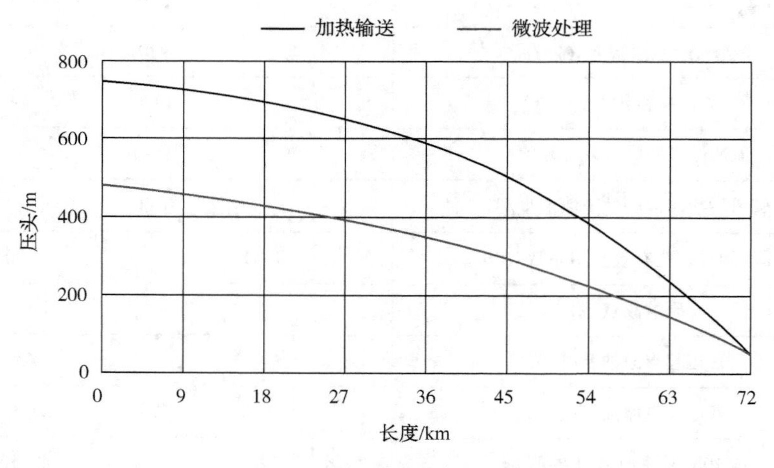

图 6-5　固定流量下的压头分布图

建议通过比较稠油的生命周期成本来选择最佳的技术运输稠油。生命周期成本包括与购置必要设备相关的资金成本以及在它们的生命周期内考虑到现金随时间推移和通货膨胀折现率的每年运营成本。生命周期成本由公式(6-2)确定[18]:

$$C_{周期}=k+\sum_{i=1}^{T}C_{年}\cdot(1+E)^{-t} \tag{6-2}$$

式中　$C_{周期}$——生命周期成本；

k——资金成本；

T——设备的生命周期，a；

t——计算的间隔，a；

$C_{年}$——年度运营成本；

E——考虑了通货膨胀影响的折现率。

优先考虑以最低生命周期成本为特点的技术：

$$C_{周期}\cong min. \tag{6-3}$$

在计算中考虑到计划在输油管道的加热站安装两个或多个设备用于微波制备泵送或预热炉加热的油。

在确定资金成本时，要考虑到设备本身的成本以及占其成本的30%的建设、安装和调试成本。在查找运营成本时，要考虑能耗量及其成本、设备更换成本、生命周期内的维修费用、人员维护成本、社会保险以及折旧费用[2、19、20]。图6-6中以图形解释的形式表示了所考虑的用于准备泵送稠油的技术经计算的经济指标对比，表明稠油微波处理的特点是所有成本类别的值都较低。

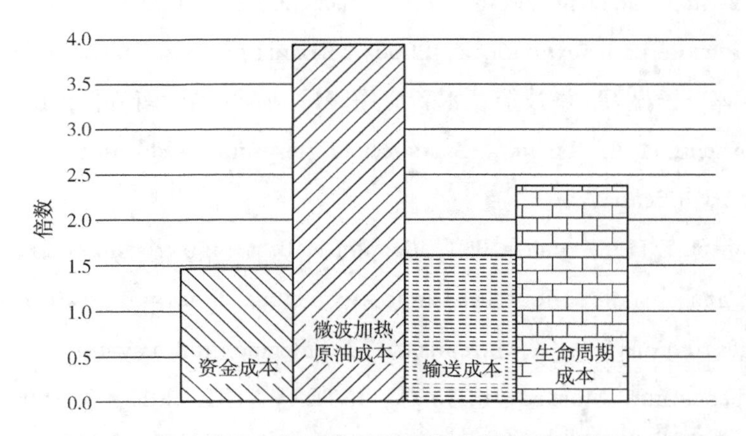

图6-6　热油输送与微波处理输送稠油时各项经济指标比值

由此可见：为了确保所需的管道输送量，基于电磁场的微波能量的稠油运输技术是优选的，其生命周期的成本比加热输送的小 2.4 倍。原因是在微波处理过程中，泵送原油的黏度由于其高相对分子质量组分易于热裂解而降低，并且同时加热到所需的初始流动温度。当泵送预热原油时仅通过保持输油管道中平均较高的流动温度就可以实现总摩擦压头损失的必要减少。

参 考 文 献

[1] Промышленная группа《Генерация》[Электронный ресурс]. //Режим доступа：URL：http：//www. generation. ru.

[2] Минэкономики РФ，Минфином РФ，Госстроем РФ. Методические рекомендации по оценке эффективности инвестиционных проектов：ВК 477[S]. Москва：Экономика，2000：421.

[3] Потери за счет неоднородности в диэлектриках[Электронный ресурс]. // Режим доступа：http://etm.mpei.ru/App_Text/tut/losses/4_7_losses.pdf.

[4] Цодиков М В，Передерий М А，Карасева М С，и др.. Формирование нанокластерных железосодержащих катализаторов на углеродных носителях под воздействием СВЧ－излучения [Электронный ресурс]. Российские нанотехнологии，2006// Режим доступа：www. nanorf. ru.

[5] 彭金辉，杨显万. 微波能技术新应用[M]. 昆明：云南科技出版社，1997.

[6] Мархасин И Л. Физико－химическая механика нефтяного пласта[M]. Москва：Недра，1977.

[7] Яковлева Е Н，Яковлев В Б，Лавров И В. Сравнительный анализ методов для вычисления динамических характеристик композиционных диэлектриков[C]. //Материалы Международной научно－технической конференции. Москва：МИРЭА，INTERMATIC，2012：93-96.

[8] 因克罗普拉 F P，德威特 D P. 传热基础[M]. 陆大有，于广经，朱谷军，等. 译. 北京：宇航出版社，1987.

[9] 王颖. 稠油微波加热降黏机理研究[D]. 北京：中国科学院研究生院，2002.

[10] Гринько А А. Серусодержащие структурные фрагменты смолисто－асфальтеновых компонентов[D]. Томск：Ин－т химии нефти СО РАН，2011.

[11] Дмитриев Д Е. Термические превращения смол и асфальтенов тяжелых нефтей[D]. Томск：Ин－т химии нефти СО РАН，2010.

[12] Кириллов А В. Термические процессы переработки нефтяного сырья：методические указания к лабораторным работам по курсу《Технология нефти и переработки газа》[M]. Комсомольск－на－Амуре：ГОУВПО《КнАГТУ》，2010.

[13] Агапкин В М，Челинцев С Н. Трубопроводы для транспортировки высоковязкой и застывающей нефти[M]. Москва：Инфорнефтегазстрой，1982.

[14] Губин В Е. Трубопроводный транспорт нефти и нефтепродуктов[M]. Москва：Недра，1982.

[15] Марон В И. Гидродинамика однофазных и многофазных потоков в трубопроводе[M]. Москва：МАКС Пресс，2009.

[16] Панов Ю Е. Технология перекачки высоковязких нефтей，включая северные районы：серия《Транспорт и хранение нефти и нефтепродуктов》[M]. Москва：ВНИИОЭНГ，1987.

[17] Тугунов П И，Новоселов В Ф，Коршак А А，и др.. Типовые расчеты при проектировании и эксплуатации нефтебаз и нефтепроводов[M]. Уфа：ООО《ДизайнПолиграфСервис》，2002.

[18] Поршаков Б П，и др.. Энергосберегающие технологии при магистральном транспорте природного газа[M]. Москва：МПА－Пресс，2006.

[19] Дунаев В Ф，Шпаков В А，Епифанова Н П，и др.. Экономика предприятий нефтяной и газовой промышленности[M]. Москва：

ФГУП Изд–во《Нефть и газ》, 2006.

[20] Cao Bo, Dergunov V S, Chelintsev S N. Application of Microwave Technology for the Treatment of Commercial Heavy Oils for Pumping in Trunk Pipelines[J]. Chemistry and Technology of Fuels and Oils, 2020, 56(4): 580–587.